Carl R Hennicke

Der Graupapagei in der Freiheit und in der Gefangenschaft

Carl R Hennicke

Der Graupapagei in der Freiheit und in der Gefangenschaft

ISBN/EAN: 9783742898395

Hergestellt in Europa, USA, Kanada, Australien, Japan

Cover: Foto ©berggeist007 / pixelio.de

Manufactured and distributed by brebook publishing software
(www.brebook.com)

Carl R Hennicke

Der Graupapagei in der Freiheit und in der Gefangenschaft

Ornithologische Schriften,

herausgegeben

vom Vorstande des
Deutschen Vereins zum Schutze der Vogelwelt.

❧

No. I.

Der Graupapagei
in der Freiheit und in der Gefangenschaft.

Geschildert von

Dr. Carl R. Hennicke.

Gera.
Verlag von E. M. Köhler.

Der Graupapagei

in der Freiheit und in der Gefangenschaft.

Geschildert von

Dr. Carl R. Hennicke.

Mit einem Buntbild von Professor A. Goering.

Gera.

Verlag von E. M. Köhler.

1895.

Chromolith. Ottomar Rottler & Comp. Gera, Reuss

A. Goering no. d. Leben

Vorwort.

Da ich Gelegenheit hatte, den Graupapagei während eines mehr-monatlichen Aufenthaltes an der Westküste von Afrika in der Freiheit kennen zu lernen und über ihn einige neue Erfahrungen zu sammeln, ihn auch vielfach in Gefangenschaft gehalten habe und noch halte, bin ich dem Wunsche des Herrn Verlegers, eine Monographie über diesen Vogel aus-zuarbeiten, gern nachgekommen. Die dabei benutzte Litteratur habe ich am Schlusse genau angegeben, auch bei den betreffenden Stellen als Fuß-noten angeführt.

Hoffentlich trägt das Büchlein dazu bei, daß der so vielfach in Gefangenschaft gehaltene und so häufig verkehrt gepflegte Vogel eine ver-nunftgemäßere Pflege findet.

Denn das ist ja auch ein Teil des Vogelschutzes.

Gera, im Juni 1895.

Dr. Carl R. Hennicke.

In der Heimat und auf der Reise.

Zu den wenigen (25) Afrika bewohnenden Papageienarten gehört der Papagei κατ'ἐξοχήν, der Graupapagei (Psittacus erithacus), der wohl jedem, der sich auch nur einigermaßen für Vögel interessiert, bekannt ist und als Stubenvogel einen der ersten Plätze einnimmt. Schon in sehr frühen Zeiten wurden Graupapageien oder Jakos als Stubenvögel gehalten. Belon und Aldrovandi kannten ihn, ja es wird sogar angegeben, daß ihn die Römer bereits als Stubenvogel gepflegt hätten. Letztere Angabe ist allerdings nicht verbürgt und ziemlich unwahrscheinlich.

Die Heimat unseres Graupapageies ist lediglich das äquatoriale Afrika, und zwar erstreckt sich sein Verbreitungsbezirk von Senegambien bis nach Benguela herab, also soweit die heiße Zone reicht. Er fällt im großen und ganzen mit dem der Oelpalme zusammen. Hauptsächlich bewohnt unser Vogel den westlichen Teil dieses Gebietes, für den er der eigentliche Charaktervogel ist. Ostwärts bewohnt er ganz Innerafrika bis zum Tschadsee, den westlichen Quellflüssen des Nil und dem Ryanzasee. Aus unserem ostafrikanischen Schutzgebiet führt ihn Reichenow aus Bukoba auf.

Ein alter „Afrikaner", Herr A. Mann, schreibt in einem durch Hofrat Stroh der Redaktion der „ornithologischen Monatschrift des Deutschen Vereins zum Schutze der Vogelwelt" zur Verfügung gestellten Briefe über den Verbreitungsbezirk des Graupapageies folgendes: „Gewiß ist, daß unser Freund nicht über 15° N. B. vorkommt. Nach Analogie könnte man von dieser nördlichen Grenze auf die südliche Verbreitung des Vogels schließen. Uebrigens geben die Parallelen, d. h. in anderen Worten die mittlere Jahrestemperatur, gar kein Recht, die Grenzen seiner Verbreitung zu bestimmen. Unser Vogel lebt, wo die Oelpalme (Elais guineensis) vorkommt oder an ihrer Statt der Sheabutterbaum. Nun ist aber Benguela, die Südgrenze der Palme, 13—14° südl. Breite. Es muß auffallen, daß der Vogel nicht in Ostafrika getroffen wird. Mir scheint dies mit der östlichen Grenze der Oelpalme zusammenzuhängen."

Auch eine Anzahl der westafrikanischen Inseln bewohnt der Graupapagei, z. B. Fernando Po, wo ich ihn mehrfach beobachten konnte, und Ilha do Principe, wo ihn Dr. Dohrn konstatierte. Nicht vor kommt er dagegen, wie Lopez de Lima angiebt, nach Dr. Dohrns Mitteilung auf St. Thomé. Ebenso ist die Angabe Hahns, daß der Graupapagei in

Nordafrika und die Schmidts, daß er auf den Kap Verdischen Inseln vorkomme, falsch. Ferner findet sich in Brehms Tierleben nach Dr. Finsch die Notiz (ich habe sie in der 2. Auflage nicht finden können), daß der graue Papagei, auf Mauritius und Bourbon eingeführt, zu Anfang des 18. Jahrhunderts hier so zahlreich geworden sein soll, daß man ihn wegen seiner argen Verheerungen wieder ausrotten mußte. Auch in den Werken einiger älterer holländischen Reisenden*) sind (nach Dr. Finsch) grüne und graue Papageien als Bewohner dieser Inseln erwähnt. Nach demselben Forscher kommen jetzt aber Graupapageien auf den Mascarenen nicht mehr vor.

Einer der ältesten Schriftsteller, die über das Vaterland des Graupapageies berichten, ist Conrad Geßner, welcher angiebt: „ich hab auch einen (Papagei) der am gantzen Leib aschenfarb oder lichtblaue ist, ohn am Schwanz hat er allein rothe Federn, und die Augen ist er weiß. Diesen soll man aus Mina St. Jörgen Stat**) bringen."

Sehen wir uns nun den Vogel etwas näher an.

Der Graupapagei gehört zu der Familie der Kurzschwanzpapageien, die sich durch ihren kurzen, höchstens mittellangen, gerade abgeschnittenen oder sanft abgerundeten Schwanz auszeichnen. Dieselbe ist in ihren einzelnen Arten über alle warmen Erdteile verbreitet. Nur in Polynesien fehlt sie. In besonders vielen Arten bewohnt sie Amerika und Afrika, und in letzterem Erdteil ist ihr Hauptvertreter sowohl der geographischen Verbreitung wie der Individuenzahl nach unser Graupapagei.

Unser Vogel hat einen kräftigen, auf der Firste abgerundeten, schieferschwarzen Schnabel, dessen Oberkiefer zu einem Haken gebogen und mit einer Wachshaut versehen ist, kurze breite Läufe, an denen die dritte Zehe die längste ist, lange Flügel, deren wohlausgebildete Spitze das Schwanzende überragt, großfiedriges Gefieder, das die Augengegend, die Nasenlöcher, Wachshaut und Zügel unbekleidet läßt, so daß hier ein nackter weißer Fleck entsteht.

Seine Länge beträgt nach Reichenow*) 350—400 mm, nach Brehm**) 310 mm, seine Flügellänge nach Reichenow 220 bis 240 mm, nach Brehm 220 mm. Ich selbst habe bei vielen von mir vorgenommenen Messungen als Mittelzahlen für die Länge des Vogels 340, für die der Flügel 233 gefunden.

Die Beschreibung des Gefieders unseres Graupapageies scheint mit wenigen Worten abgemacht, ist aber doch etwas umständlicher, als sie erscheint. Der Vogel ist, wie schon Geßner sagt, am ganzen Körper grau und hat einen roten Schwanz. Nur die oben erwähnte weiße, federlose Stelle um die Schnabelwurzel und die Augen macht sich bemerkbar. Betrachten wir aber jede einzelne Feder genauer, so sehen wir, daß jede einen etwas helleren Rand hat. Dadurch, daß diese Ränder an Kopf und Hals etwas stärker hervortreten, und dadurch, daß die einzelnen Federn an diesen Teilen kleiner sind, erscheinen dieselben heller. Die Schwanzfedern sind dunkelgrau, Bauch und Beine hellgrau. Wie bei den Kakadus und ver

---

*) Reichenow, Die Vögel Deutsch-Ost-Afrikas, 1894, S. 99. (In „Die Vogelwelt von Kamerun" giebt Reichenow die Länge auf 37—40, die Flügellänge auf 22—24 cm an.)

**) Brehms Tierleben, 2. Aufl. 1878. Band IV, S. 59.

schiedenen anderen Papageien bedeckt auch bei unserem Vogel ein feiner, puderartiger Staub das Gefieder, der sich abwischen läßt, was sich bisweilen demjenigen, der seinen zahmen Liebling hätschelt, auf die Schulter oder den Arm nimmt, an den Kleidern recht unangenehm bemerkbar macht. Ist der Puderstaub abgewischt oder der Vogel naß, so erscheint das ganze Gefieder mehr dunkel, schiefergrau. Woher dieser Staub kommt, ist noch unaufgeklärt. Nach der Ansicht Nitzsch's ist er „der trockene Rest der Flüssigkeit, aus welcher die Feder gebildet wird", nach der Burmeisters entsteht er „durch die Zerbröckelung der Haut, welche zwischen Matrix und Feder liegt und in dem Maße, wie letztere sich vergrößert, vertrocknet und abgestoßen wird."

Bezüglich der Unterscheidung der Geschlechter, — beim Graupapagei ein noch recht dunkeler Punkt, — fand ich bei den Eingeborenen, sowie den Matrosen die Ansicht, daß die Rotfärbung der den After direkt umgebenden Federn das Zeichen sei, daß das betreffende Tier ein Männchen sei, während diese Federn beim Weibchen grau gefärbt seien. Bei einem meiner Papageien, der gegen meine Mutter besonders zärtlich ist, ist diese Rotfärbung deutlich zu konstatieren, während bei einem anderen, der sich besonders für das männliche Geschlecht eingenommen zeigt, die Federn grau aussehen. Auch bei einigen anderen, in fremdem Besitze befindlichen Papageien habe ich die Wahrnehmung gemacht, daß die mit rotem After versehenen gegen Damen, die mit grauem dagegen gegen Männer sehr zahm waren. Demgegenüber muß ich aber bemerken, daß ich diese Ansicht bei einer 1895 vorgenommenen Sektion nicht bestätigt fand. Nach der obigen Regel hätte das Tier, da die seinen After umgebenden Federn sehr schön rot gefärbt waren, ein Männchen sein müssen, trotzdem entpuppte es sich bei der Sektion als Weibchen. Dieses Resultat war mir um so überraschender, als auch das Benehmen des Tieres (große Zahmheit gegen die Hausfrau, dagegen Bissigkeit gegen den Hausherrn) auf ein Männchen hatte schließen lassen.

Levaillant sagt, daß die Händler die dunkleren Exemplare für Männchen, die helleren für Weibchen halten, und Brehm giebt an, daß der Scheitel des Männchens stärker gewölbt sei als der des Weibchens. Ich habe aber auch bei diesen Unterscheidungsmerkmalen sichere Schlüsse nicht ziehen können, so daß ich nur meine Ansicht wiederholen kann: Die Unterscheidung der Geschlechter ist beim Graupapagei ein dunkeler Punkt.

Der alte Vogel unterscheidet sich von dem jungen vor allem durch einen mehr bräunlichen Ton des Gefieders und die Farbe der Iris. Während dieselbe nämlich beim alten Vogel mais- oder strohgelb ist, ist sie beim ganz jungen Vogel dunkelbraun, fast schwarz. Ich finde über diesen Punkt beim Durchlesen von Ruß' „fremdländischen Stubenvögeln" auf Seite 624 des 3. Bandes eine Mitteilung von Dr. Lazarus, welche folgenden Wortlaut hat:

„So wie die jungen Vögel zu uns in den Handel gelangen, zeigen sie meistens bereits ein dunkelaschgraues Auge. . . . Nach einem halben Jahre wird das Auge taubengrau: wiederum nach einem halben Jahre erscheint es graugelb und zwar besonders bei verengerter Pupille, bei erweiterter dagegen schon blaßgelb. Diese Farbe des Auges behält er wiederum fast ein Jahr bei, bis dasselbe endlich nach drei bis vier Jahren eine ständig maisgelbe Färbung annimmt."

Ich habe hierüber ganz andere Erfahrungen gesammelt. In Gabun kaufte ich im April 1892 sieben Stück junge Graupapageien, von denen einige noch das Dunengefieder hatten. Die Tiere hatten eine ganz dunkelbraune, fast schwarze Iris, die kaum von der Pupille abzugrenzen war. Ich möchte sie vergleichen mit der Iris unseres Waldkauzes (Syrnium aluco). Schon als ich Ende Mai in Hamburg ankam, hatte die Iris eine aschgraue Färbung angenommen, und die Umfärbung in taubengrau, graugelb, orangegelb und maisgelb ging nun so schnell vor sich, daß die Tiere bereits Ende des Jahres 1892 diese Färbung der Iris zeigten, also nicht ganz ein Jahr bis zur endgültigen Umfärbung brauchten. Diejenigen, welche am Leben geblieben sind, haben seitdem nicht die geringste Veränderung in der Färbung der Iris gezeigt, was ja auch, da eine maisgelbe Färbung bereits besteht, kaum möglich ist.

Auch bezüglich der Schwanzfärbung der jungen Graupapageien herrschen noch recht widerstreitende Ansichten, und bin ich im Stande, einiges zur Aufklärung beizutragen.

So schreibt Reichenow in Brehms Tierleben, Band IV, Seite 59: „Die Frage, ob die Schwanzfedern der Graupapageien in der Jugend rot oder grau sind, habe ich, trotz besonderer Aufmerksamkeit, welche ich dieser Frage widmete, nicht entscheiden können." Später sagt er über diesen Punkt im Journal für Ornithologie 1875, S. 11: „Obwohl ich niemals Gelegenheit hatte, Nestvögel zu untersuchen, glaube ich nach meinen Beobachtungen und Erkundigungen, einer früher ausgesprochenen Vermutung entgegen, jetzt behaupten zu können, daß die Schwanzfedern der jungen Vögel anfangs dunkelgrau gefärbt sind. Letzteres wurde mir von den Negern, welche die Vögel jung aus dem Neste nehmen, um sie den Europäern zu verkaufen, bestätigt. Ich selbst sah mehrmals jüngere Individuen, bei welchen die Basalteile der Schwanzfedern dunkelgrau, die

Spitzen rot, aber unreiner, als bei den Alten, bräunlichrot, gefärbt waren, ein Beweis, daß die Verfärbung in Rot allmählich vor sich geht. Eine gleiche Verfärbung beobachtete ich auch an den unteren Schwanzdecken von Gefangenen." Auch andere Forscher urteilen ähnlich. So schreibt Finsch*): „Es scheint mir nicht unwahrscheinlich, daß sich die folgende Art (Ps. timneh) schließlich noch als Jugendkleid von ihm herausstellen wird." Hierzu kann ich folgendes bemerken. Ich habe mich während und kurz nach der Brütezeit der Graupapageien (Dezember bis April) an der Westküste von Afrika aufgehalten, und nie ist mir während dieser Zeit ein junger Vogel mit grauen Schwanzfedern zu Gesicht gekommen. Auch von den dort wohnenden Kaufleuten, sowie von den Eingeborenen, bei denen ich nachfragte, habe ich von graugeschwänzten jungen Jakos nichts erfahren können. Auch die von mir angekauften jungen Vögel, die noch eine schwarze Iris hatten und Dunen trugen, hatten schon einen scharlachroten Schwanz, wenn auch nicht so leuchtend, wie der der ausgemauserten Vögel ist. Ueber das Verhältnis des Graupapageies zum Timneh später.

Es wäre doch übrigens wunderbar, wenn eine derartige bedeutende Abweichung des jungen Vogels vom alten in der Farbe, wie sie ein grauer Schwanz bedingen würde, von den Züchtern des Graupapageies in der Gefangenschaft, deren es mehrere gegeben hat, wie ich später berichten werde, nicht bemerkt und demgemäß veröffentlicht worden wäre. Schon dieser Umstand dürfte zu der Ansicht führen, daß der Vermutung, der junge Graupapagei habe graue Schwanzfedern, eine Verwechselung mit dem Timneh zu Grunde liegt.

Bevor wir die Beschreibung des Gefieders abschließen, müssen wir doch noch bemerken, daß einzelne sehr schöne Farbenvarietäten bei Psittacus erithacus vorkommen. Finsch führt in seinem schon mehrfach erwähnten Werke folgende vier Varietäten besonders an:

1. Rot; nur Kopf, Hals und Schwingen grau (Psittacus rubor Scop., Ps. erithacus var. δ Gml.).

2. Grau; Schwingen, Schwanz und Bürzel rot (Ps. erythroleucus Aldrov. Ps. varius Müll. Ps. erythroleucus L.).

3. Grau, über und über rot gescheckt (Ps. guineensis alis rubris Briss., Ps. guineensis rubrovarius Briss. Ps. erithacus var. β et γ Gml.).

4. Ganz grau (? Maracana brasiliensibus Marcgr., Psittacus brasiliensis cinereus Briss., Ps. cinereus Gml.).

*) Die Papageien, Leiden 1868. Band II, S. 311.

Teilweise rotgezeichnete Vögel werden von den Händlern als „Königsvogel" bezeichnet und sind sehr gesucht und dementsprechend hoch bezahlt.
Ich habe beobachtet, daß einer meiner ganz jung in Gabun angekauften Vögel mit vollkommen grauem Gefieder nach der ersten voll-
kommenen Mauser einzelne rote Federn an Brust und Bug erhielt, also
sich zum „Königsvogel" ausfärbte.

Mehrfach sind auch Albinos des Graupapageies beobachtet worden.
So berichtet Schäff*) von einem in der Ausstellung der „Aegintha"
1890 ausgestellten Albino von Psittacus erithacus, für den ein Preis
von 800 Mark verlangt wurde.

---

*) Ornith. Monatsschrift des Deutsch. B. z. Sch. d. Vogelwelt 1890, S. 82.

Wir kommen nun zum Freileben unseres Vogels. Wenn der Reisende nach der Westküste von Afrika kommt, ist der Graupapagei einer der ersten Vögel, der ihm auffällt. Mit lautem Kreischen zieht er in Schwärmen über den Fluß in ungeschickt aussehendem Fluge herüber und hinüber, bisweilen in ungeheurer Anzahl, oder mehrere sitzen auf den höchsten Spitzen der Bäume und lassen von da aus bald ihre melodischen Pfiffe, bald aber auch ihr durchdringendes, nichts weniger als melodisches Krächzen hören. Der Flug ist schwerfällig und ähnelt in ge wisser Weise dem der Enten. Schnelle, fast ängstlich sich ausnehmende Flügelschläge, die aber noch viel kürzer und schneller als die der Enten sind, fördern den Vogel doch immerhin recht gut. Trotz des ungeschickten Fluges sind sie aber schwer zu erlangen, da sie ihre Züge fast stets in großer Höhe ausführen. Ein einziges Mal glückte es mir, einen, der über mich hinwegeilte, zu erlegen. Er überschlug sich mehrmals laut krächzend in der Luft und fiel dann in ein durch hohes Gras und Büsche gebildetes Dickicht, --- aus dem ihn nicht einmal die Schwarzen herausfinden konnten. Mehrmals konnte ich beim Graupapagei, be sonders vor dem Aufbäumen, ein ganz eigentümliches Flugbild be obachten. Ich habe ihn dann nämlich geradezu „rütteln" gesehen. Doch befand sich der Körper dabei in fast senkrechter Lage, während die Flügel in „zitternder" Bewegung mit großer Schnelligkeit die Luft von hinten oben nach vorn unten schlugen. Auch nachdem ich die Vögel in der Heimat hatte, konnte ich dieses Flugbild einst beobachten, als mir einer meiner Papageien (damals noch mit nicht verschnittenen Flügeln) aus dem Bauer durch die offenstehende Stubenthür auf den Vorsaal entkommen war, diesen durchflogen hatte und nun rüttelnd vor der gegenüberliegenden Küchenthür, die mit einer mattgeschliffenen Glasscheibe versehen war, stand, offenbar unklar über das „Wohin nun weiter".

Feinde scheint der Graupapagei nicht allzuviele zu haben. Von größeren Raubvögeln habe ich ihn nur vom Geierseeadler (Gypohierax angolensis) verfolgt gesehen, vor dem sie allerdings in geradezu sinnloser Angst flohen. Auch Reichenow berichtet dasselbe. Vom Menschen wird ihm, außer zum Zweck der Verwendung als Stubenvogel, wegen seines zähen Fleisches und der Mühseligkeit der Jagd des sehr klugen Vogels, der sich Nachstellungen sehr genau merkt und ihnen zu entgehen weiß, wenig nachgestellt. Wir verwendeten sein Fleisch nur zur Suppe, die allerdings kräftig ist und Taubenbrühe nicht unähnlich schmeckt.

Ueber das Brutgeschäft sind unsere Kenntnisse merkwürdigerweise noch recht unvollkommene, ja geradezu widersprechende.

Die besten Nachrichten über das Freileben unseres Vogels verdanken wir Reichenow, dessen in Brehms Tierleben enthaltene Angaben ich nachfolgend wiedergebe. Er schreibt:

„Wohin man sich auch wendet, überall begleitet einen das Gekrächze des Jakos. Sie sind in Westafrika, namentlich aber an der Goldküste, am Kamerun und Gabun, überaus häufig; denn die Natur bietet ihnen hier in den unzugänglichen Waldungen des Schwemmlandes der Fluß mündungen so außerordentlich geschützte und zusagende Wohnorte, daß die Verfolgung, welche sie seitens der Eingeborenen und der wenigen sie bedrohenden Feinde zu erwarten haben, kaum in Betracht kommt. Haupt= sächlich die Mangrovewaldungen nahe der Küste sind es, in denen sie nisten, indem sie vorhandene Höhlungen in den Bäumen benutzen oder Astlöcher mit Hilfe ihres kräftigen Schnabels zu geeigneten Brutstätten erweitern. Während der Brutzeit, welche in die Regenmonate, je nach Lage der betreffenden Oertlichkeit nördlich oder südlich des Gleichers, also in unsere Sommer= oder Wintermonate, fällt, leben die Paare mehr oder weniger einzeln; nach der Brutzeit schlagen sie sich nebst ihren Jungen mit anderen Artgenossen zu Gesellschaften zusammen, welche vereint umher streifen, gemeinschaftlich Nahrung suchen und gemeinsam Nachtruhe halten. Sie wählen nunmehr zu bestimmten Schlafplätzen die höchsten Bäume eines Wohngebietes und vereinigen sich hier allabendlich. Aus verschiedenen Richtungen her erscheinen um Sonnenuntergang größere oder kleinere Trupps, so daß die Anzahl der endlich versammelten Vögel oft viele hunderte er= reichen kann. Solche Schlafplätze werden bald bemerkbar. Weithin durch die Gegend schallt das Gekrächze der ankommenden und aufbäumenden Vögel, und erst mit dem Eintritt der Dunkelheit verstummt es gänzlich. Am nächsten Morgen erhebt es sich von neuem und verkündet jetzt den allgemeinen Aufbruch. Fortwährend lärmend, krächzend und kreischend, ziehen die Graupapageien dem Binnenlande zu, um sich in den auf den Hochebenen mit Vorliebe angelegten Maisfeldern der Neger gütlich zu thun. Halbreifer Mais bildet ihre Lieblingsnahrung, und erschreckend sind die Verheerungen, welche sie in den Feldern anrichten. Gegen Sonnen untergang treten sie den Rückzug an, um sich wiederum auf ihren Schlaf= plätzen zu versammeln.

— 16 —

Bei diesen regelmäßigen Streif- und Raubzügen halten sie stets dieselben Zugstraßen ein, insofern sie auf letzteren nicht beunruhigt werden. Wir benutzten solche bald erkundeten Wechsel zum Anstande, um unserer Küche aufzuhelfen, konnten jedoch einen und denselben Platz niemals längere Zeit nach einander behaupten, weil die klugen Vögel die betreffenden Stellen sich merkten und in weitem Bogen umflogen.

Der Flug der Graupapageien ist erbärmlich zu nennen. Mit kurzen, schnellen Flügelschlägen streben sie in gerader Richtung ihrem Ziele zu; es gewinnt den Anschein, als ängstigten sie sich und fürchteten, jeden Augenblick herabzufallen. Als wir die Küste betraten und zum erstenmale in der Ferne fliegende Jakos bemerkten, glaubten wir Enten vor uns zu sehen; denn deren Flug glich der ihrige. Ein Schuß bringt die fliegenden Jakos vollständig außer Fassung: sie stürzen nach dem Knalle, oft förmlich sich überschlagend, tief herab und erheben sich erst langsam wieder. Lautes Krächzen, wie sie es sonst nur angesichts eines sie bedrohenden Raubvogels ausstoßen, verrät die Angst, welche sie ausstehen. Schreckhaft zeigen sie sich überhaupt bei jedem ungewöhnlichen Ereignisse.

Unter den gefiederten Räubern scheint namentlich der Geierseeadler (Gypohierax angolensis) ein gefährlicher Feind der Graupapageien zu sein. Ich sah ihn mehrfach letztere verfolgen und erkannte an ihrer entsetzlichen Angst, wie sehr sie diesen Raubvogel fürchten. Daß dieser, trotzdem er kein gewandter Flieger ist, die ungeschickten Flieger einzuholen und zu überwältigen vermag, unterliegt keinem Zweifel."

Außer Reichenow verdanken wir noch Dohrn und Keulemans Nachrichten über das Freileben des Graupapageies. Der erstere schreibt*): „Die Art ist in zahllosen Schwärmen vorhanden; ich habe mitunter in einer Stunde Hunderte gezählt, die über das Haus flogen. Vielleicht ist es noch interessant, zu erfahren, daß der Braten dieses Papageies von vortrefflichem Geschmack ist**). Ueber den Nestbau, die Zeit des Eierlegens rc. weiß ich nichts; vermutlich fällt dies in Dezember bis Februar." Und Keulemans teilt mit***): „Psittacus erithacus ist auf Ilha do Principe sehr häufig. Er nährt sich hier von Früchten und Sämereien, besonders Palmnüssen†). Die Brütezeit findet im Dezember, nach der Regenzeit,

*) Finsch, Die Papageien 1868. Band II, S. 312.
**) Dies wird von Reichenow bestritten, der das Fleisch als unglaublich zäh bezeichnet. Auch ich habe es als das gefunden.
***) Finsch, Die Papageien 1868. Band II, S. 314.
†) Das habe ich auf dem Festlande nie beobachten können. Auch haben meine gefangenen Papageien Palmnüsse nicht angerührt.

statt. Als Nest dient eine meist sehr tiefe Baumhöhle. Das Weibchen legt bis 5 weiße Eier. Es ist indeß nicht leicht, die Nester zu finden, da die Vögel dieselben im undurchdringlichsten Dickicht anlegen. In einem gewissen Umkreise findet man oft einige Hundert brütende Exemplare, meistens aber nur ein Nest in einem Baume. Die Alten wissen übrigens ihre Nester gut zu verteidigen und werden dabei von ihren Kameraden unterstützt. Die Eingeborenen fangen die Jungen gleich nach dem Ausfliegen, nehmen sie aber nicht aus dem Neste, weil sie den Glauben haben, in der Nisthöhle herrsche eine solche Hitze, daß man sich die Finger verbrennen würde, wollte man die Jungen herausholen. Gegen Abend versammeln sich die Papageien in Menge zur gemeinschaftlichen Nachtruhe auf einem Berge, welcher deshalb auch den Namen „Pico de papagayo" erhalten hat. Man sieht sie dann in kleinen Truppen von 3 bis 10 Stück eilig nach diesem Platze zufliegen. Ihre Stimme ist sehr laut und kreischend. Im Betragen gegen andere Vögel ist Psittacus erithacus sehr unverträglich. Raubvögel werden gemeinschaftlich angegriffen und in die Flucht geschlagen. Dies ereignet sich z. B., wenn ein Milvus parasiticus zufällig von St. Thomé herüberfliegt. Raubvögel fehlen deshalb auch auf der Prinzeninsel. Mit Ibis olivacea herrscht ein inniges Einvernehmen.

Die Eingeborenen fangen die Papageien in Schlingen und verkaufen sie gewöhnlich für einen Dollar an Fremde. Obwohl diese Vögel sehr schlau und listig sind, geraten sie doch oft in Fallstricke. Die Gefangenen verraten sich sogleich durch ihr entsetzliches Geschrei."

Die Zahl der Eier soll also nach Keulemans' Angaben bis 5 Stück betragen. Nach Hahn beträgt sie 2, wie Brehm angiebt, nach Buffon, der seine Beobachtungen an Gefangenen gemacht hat, 4 und nach Frau Gorgol*), die ebenfalls einen Graupapagei zum Eierlegen gebracht hat, 3. In der Freiheit gelegte Eier sind noch nicht beschrieben, in der Gefangenschaft gelegte mehrfach. Die Wiedergabe dieser Beschreibung folgt später.

Ich selbst kann eigene Beobachtungen über das Brüten der Graupapageien nicht mitteilen. Dagegen wurden mir mehrfach von Eingeborenen alte, hohe Bäume gezeigt, meist im Urwalddickicht auf inmitten von Flüssen gelegenen Inseln stehend, die Löcher anwiesen, welche mir als Bruthöhlen des Graupapageies bezeichnet wurden. So erinnere ich mich noch lebhaft eines alten „Baumwollbaumes", welcher mir auf einer Insel des kleinen Njong bei Klein=Batanga als Brutbaum von

*) Gefiederte Welt 1894, S. 13.

18

Psittacus erithacus vorgeführt wurde. Einigermaßen im Gegensatz hierzu steht aber eine Mitteilung des schon oben erwähnten A. Mann, die folgendermaßen lautet: „Sonderbar erscheint mir die Unkenntnis der jugendlichen Naturgeschichte unseres Freundes. Tausende (?) von Europäern leben, wo der Vogel lebt. Er nistet auf hohen Bäumen, die allerdings dem Europäer nicht wohl zugänglich sind, aber von den Eingeborenen ohne Schwierigkeiten bestiegen werden. Psittacus erithacus lebt auf hohen Bäumen, nistet aber auch auf niederen, wenn er die Nester auf den hohen schon besetzt findet, wo möglich in der Nähe der Palme, die nicht im Mangrove Schlammlande der See- und Flußufer wachsen kann. Meine Frau hat im April zwei junge Pollys gekauft, die aus dem Innern etwa 48 bis 65 km nördlich von Lagos kamen. Sie waren teils nackt, teils mit grauweißem Flaum bedeckt. Sie konnten nicht selbst fressen, weder fliegen, noch stehen. Ein Fall aus dem Nest von einem hohen Baume hätte sie getötet. Sie wurden aus dem Nest genommen, während die Alten auf Nahrung gingen. Die Fütterungsart ist dieselbe, wie junge Tauben u. s. w. von den Alten ernährt werden. Ungefähr ein bis zwei Monate hatte meine Frau die Tierchen zu nähren mit Maispappe, Milch und Brot 2c." Sonst erzählt Mann noch über das Freileben folgendes: „Die freien Vögel leben von der öligen Schale der Palmnuß, von Wald- früchten und Mais, gehen des Morgens auf Nahrung aus, ruhen über Mittag auf hohen Bäumen und kehren abends nach einer zweiten Fütte- rung auf ihren hohen Standort zurück. In solchem Fluge habe ich einen aus der Luft geschossen, und sehe ich ein Unrecht in der Behauptung, Polly sei ein erbärmlicher Flieger. Natürlich in Europa, nachdem ihm die Flügel beschnitten, er seit Monaten und Jahren keinen rechten Flügel- schlag mehr gethan, keinen hohen Baum mehr besucht, keine Palmnuß mehr abgerissen oder abgezwickt hat, kann ihm Lust und Fähigkeit zum Fluge gar leicht verloren gehen. Der zweite des Paares, von dem ich den einen verwundete, wurde durch den Schuß so wenig außer Fassung gebracht, daß er keinen Augenblick im Fluge innehielt."

Aus dem Obigen ersieht man, daß auch die Angaben über den Fang des Graupapageies recht verschiedene und widersprechende sind. Während Reichenow angiebt, daß kein einziger der nach Europa ge- langenden Graupapageien alt gefangen sei, sondern alle aus dem Nest genommen seien, erklärt Keulemans, daß auf Ilha do Principe kein einziger aus dem Nest genommen werde. Ich glaube, das Richtige wird, wie überall, in der Mitte liegen. Einmal werden die Neger die Jungen aus dem Neste nehmen und die Alten fangen, wo sie sich fangen laſſen, wie es ja bei uns die Vogelfänger auch thun, und zweitens werden die Hauptfangmethoden, wenn ich dieſen Ausdruck gebrauchen darf, in verſchiedenen Gegenden verſchiedene ſein. Mir wenigſtens wurde im Süden ſtets geſagt, die Papageien würden jung aus dem Neſte genommen (und das ſtimmte zu den angebotenen jungen Tieren), an der Goldküſte, die Papageien würden alt gefangen (und das ſtimmte wieder zu den an gebotenen Exemplaren, die faſt alle maisgelbe Iris hatten).

Trotz der Faulheit der Neger und ihrer Abneigung, Käfig oder überhaupt gezähmte Vögel zu halten, fand ich faſt in allen Negerdörfern an der Guineaküſte und weiter ſüdlich neben halbverhungerten Vögeln gezähmte Papageien. Sogar die Niam Niam ſollen nach den Berichten mehrerer Reiſenden zahme Graupapageien halten. Mir machte es aller dings in den erwähnten Negerdörfern den Eindruck, als ob die Vögel lediglich zum Handel aufgezogen würden. Selbſt die an der Küſte lebenden Europäer ſcheinen mir zum großen Teil keine Ausnahme davon zu machen. Auch ihrer hat ſich, ſcheint es, mit der Zeit eine Gleich gültigkeit gegen alles Ideale bemächtigt, daß ſie gar nicht daran denken, ſich einen Vogel aus anderen Gründen zu halten, als um daraus auf die eine oder andere Weiſe Gewinn zu ziehen. Ausnahmen giebt es natürlich auch hier.

Es iſt ein überaus anmutendes Bild, wenn man durch eine Neger town geht und ſieht hier auf dem Wege unter den Ferkeln, Ziegen und Hühnern vor den Häuſern und auf den Dächern derſelben unſeren Grau papagei mit dem ihm auf ebener Erde ſo eigentümlichen Gange in Menge umherſteigen. Leider haben alle geradezu abſcheulich verſtümmelte Schwingen.

Auch auf der Veranda, mit welcher faſt jedes einigermaßen an ſtändige Haus eines Europäers verſehen iſt, ſieht man ab und zu einmal einen Graupapagei ſitzen, der einige Worte ſpricht.

Dieſe ſind glücklich zu ſchätzen gegenüber denen, die die Heimat ver laſſen müſſen, um nach Europa importiert zu werden. Denn die große Mehrzahl der letzteren iſt dem Tode geweiht, wie wir im folgenden ſehen werden.

Bevor wir den Vogel in Afrika verlassen, um ihn auf der Reise und in Europa wiederzufinden, müssen wir sein Verhältnis zu dem schon mehrfach im Vorigen erwähnten Timneh (Psittacus timneh Fras., Ps. carycinurus Rchw.) erwähnen. Finsch schreibt über diesen Vogel*): „Mit innerem Widerstreben führe ich Ps. timneh als besondere Art auf, denn ich bin überzeugt, daß es nur der junge Vogel von Ps. erithacus sein wird, den wir noch gar nicht kennen. Die braune Schwanzfärbung, welche die neue Art unterscheiden soll, ist zu wenig kon= stant. Das Exemplar vom Gabon im Britisch-Museum hatte einen schokoladefarbenen Schwanz, dagegen zeigte ein lebendes im zoologischen Garten des Regents Park den Schwanz einfarbig dunkelgrau, nur die zwei mittelsten Schwanzfedern bräunlich verwaschen. Ein Exemplar im Berliner Museum, als Ps. erithacus juv. bezeichnet, hatte ebenfalls noch graue Schwanzfedern, die aber gegen die Basis zu in düsteres Rot übergingen. Ebenso Exemplare in den Museen von Wien und Leipzig. Fraser nennt die Schwanzfärbung rostrot. Die Abbildung Levaillants pl. 102, welche jetzt auf timneh bezogen wird, stellt jedenfalls einen noch jüngeren Vogel, wie den des Berliner Museums dar, und das auf pl. 103 abgebildete Exemplar, ganz dunkelgrau mit rotbraunem Schwanze und unteren Schwanz- decken muß dann ebenfalls zu Ps. timneh gehören. Nach Levaillant ist diese Varietät aber nur durch das hohe Alter des Vogels entstanden, also gerade aus der entgegengesetzten Ursache, welche ich für wahrscheinlich halte. De Souancé nennt Ps. timneh eine „sehr gute" Art. Nach seiner Versicherung gelangt sie jetzt öfterer lebend nach Paris, und er selbst habe ein Exemplar 3—4 Jahre besessen, ohne eine Farbenveränderung an ihm wahrzunehmen. Diese Beobachtung würde meine Ansicht, daß

*) l. c. S. 316.

Ps. timneh nur der junge Ps. erithacus sein kann, allerdings völlig widerlegen. Dennoch bleibt die Art vor der Hand noch eine sehr fragliche für mich.

Nach Fraser ist Sierra Leone das Vaterland. Im Pariser und Britisch-Museum auch vom Gabon."

Auf meinen Reisen habe ich vielfach Gelegenheit gehabt, Timnehs zu sehen und zu erwerben und kann mich nur in Uebereinstimmung mit de Souance dahin aussprechen, daß ich den Timneh für eine durchaus selbständige Art halte. In Gabun habe ich von Timnehs nichts gesehen oder gehört, dagegen wurde in Sierra Leone lediglich dieser Vogel, kein einziger Graupapagei, angeboten. Ich habe dort viele Exemplare, teils bei Händlern, teils bei Privatleuten gesehen, aber alle zeigten, mochten sie nun schwarzbraune, aschgraue oder maisgelbe Iris zeigen, also den verschiedensten Altersklassen angehören, dieselben typischen Merkmale: weit geringere Größe als der Graupapagei, bedeutend schwärzere Färbung, weißen Oberschnabel und dunkelroten bis fast ganz schwarzen Schwanz.

Die Schattierung des Schwanzes war allerdings nicht für alle Individuen, ja nicht einmal für einzelne, die gleiche, doch habe ich nie einen derartig scharlachroten Schwanz finden können, wie bei dem Graupapagei, der übrigens in Sierra Leone nirgends zu haben war.

Von den beiden Exemplaren, die ich erwarb, hatte das eine einen dunkelschwarzgrauen Schwanz mit einer ganz geringen Andeutung eines roten Schimmers, das andere einen dunkelweinroten Schwanz, der einen feinen schwarzen Flor zeigte, so daß es aussah, als sei er mit Ruß bestäubt. Da mir leider ein Exemplar (ich vermutete ein Paar und hatte sie zu Zuchtversuchen bestimmt) auf der Reise zu Grunde ging, konnte ich zu meinem Bedauern nur einen Vogel mit nach Hause bringen, der aber heute noch im Besitze meines Freundes Dr. Hüfler in Chemnitz lebt. Das Tier hat sich während der drei Jahre vollständig gemausert, hat sich aber in Bezug auf Färbung des Gefieders oder auch nur des Schwanzes in keiner Weise verändert. Es hatte übrigens schon beim Ankauf eine vollständig maisgelbe Iris.

In Freiheit habe ich die Tiere leider nicht beobachten können.

Diesem Bändchen ist ein Bild von der Meisterhand Professor A. Goerings beigegeben, welches die Farben- und Größenverhältnisse der beiden Arten recht anschaulich darstellt. Im Nachfolgenden gebe ich nun eine Tabelle, welche die Größenverhältnisse, an fünf verschiedenen Exemplaren gemessen, enthält.

	Psittacus erithacus				Psittacus timneh		
	1.	2.	3.	Durch-schnitt	4.	5.	Durch-schnitt
	mm	mm	mm	mm	mm	mm	mm
Länge vom Schnabel bis zur Schwanzspitze	340	340	340	340	300	295	297,5
Klafterweite	800	750	800	775	700	690	695
Länge des Oberschnabels von der Federgrenze bis zur Spitze	37	36	37	36,7	35	35	35
Länge des Unterschnabels von der Federgrenze bis zur Spitze	23	22	23	22,7	20	19	19,5
Fußlänge	71	70	70	70,3	60	61	60,5
Längste Schwanzfedern	94	93	93	93,3	90	90	90
Flügel vom Bug bis zur Spitze	236	230	233	233	210	?	210
Gewicht	400gr	380gr	390gr	390gr	330gr	?	330gr

Man sieht aus dieser Tabelle, daß die Gewichts- und Größenverhältnisse derartig sind, daß der Psittacus erithacus den Timneh in beinahe jeder Beziehung um 10–17% übertrifft. Ich bemerke dabei, daß alle die betreffenden Tiere bis auf Nr. 5 bereits seit ca. 3 Jahren im Besitz ihrer Besitzer sind, daß also Altersdifferenzen wohl ausgeschlossen sind. Nr. 5 war ein alter Vogel, der auf dem Transport starb.

Was nun die Färbung anlangt, so will ich, obgleich das Bild eine Beschreibung eigentlich überflüssig macht, darüber nochmals folgendes sagen, wobei ich bitte, mir Wiederholungen zu verzeihen: Hals und Flügel sind tief dunkelgrau; die kleinen Flügelfedern schimmern besonders in der Sonne rötlichbraun. Rücken und Bauch weißgrau; Brust dunkel. Der Kopf hebt sich wieder heller vom Hals ab. Von dem weißen Oberschnabel, der an der Spitze wieder dunkel wird, geht bis 1 cm hinter die Augen ein grauweißer Streifen. Der Schwanz zeigt alle Schattierungen von dunkelrot bis schokoladenbraun, grau und schwarz.

Die Begabung dürfte dieselbe sein, wie beim Graupapagei, wenigstens habe ich etwas abweichendes nicht bemerkt.

Wir kommen nun zum Handel.

Sobald ein Dampfer irgendwo auf der Rhede resp. im Hafen er=
scheint, wird er umschwärmt von den Booten und Kanoes der Eingeborenen,
zum Teil in einer Anzahl von Hunderten, teils, wie in Monrovia, weil
ihre Insassen sich auf dem Schiffe als Arbeiter verheuern oder die auf
demselben befindlichen Freunde und Verwandten besuchen wollen, teils, um
allerlei: Fleisch, Gemüse, Kuriositäten, Felle, Briefmarken, Elfenbein,
Affen, Schlangen, Vieh, Geflügel und - Papageien zu verkaufen. Ab
und zu werden ja auch andere Vögel als Käfigvögel angeboten, aber meist
sind es doch Papageien und von diesen wieder ist an erster Stelle der
Graupapagei zu nennen. Der erste Platz, an dem ich im November 1891
Gelegenheit hatte, diese Art des Handels kennen zu lernen, war Banana.
Die dort gekauften Vögel werden als die wertvollsten angesehen und zwar
deshalb, weil sie, wie ich schon früher erwähnte, von den Eingeborenen
aus dem Neste genommen und aufgezogen werden und nicht, wie an der
Goldküste, mit der Leimruthe oder dem Netze alt gefangen werden. Schon
Boßmann (Reise in Guinea 1705) giebt an, daß die von Benin, Calabar
und Kap Lopez in den Handel kommenden Papageien gelehriger seien, als
die von der Küste von Guinea stammenden.

Wir hatten, von Boma herunterkommend, eben den Flußlootsen ab=
gesetzt, als mehrere Boote der Eingeborenen mit Papageien an Bord an
den Dampfer herangerudert kamen. Die Vögel befanden sich in kleinen,
ca. 50 cm langen und 20 cm im Durchmesser hohen trommelartigen
Käfigen, die aus Schilf angefertigt waren und an einem Drahthenkel ge=
tragen wurden, und zwar immer einer oder höchstens zwei. Es waren
nur einige zwanzig Stück, für die der geforderte Preis zwischen 4 und
8 Shilling schwankte. Leider wurden unsere Verhandlungen durch den

Beginn der Schraubenthätigkeit des Dampfers unterbrochen, so daß es uns nicht möglich war, dieselben zu einem gedeihlichen Ende zu führen. Die nächsten wurden angeboten in Ayanga, und hier stellte sich der durchschnittlich geforderte Preis auf 5 Shilling. Ganz die gleichen Verhältnisse fanden sich an der ganzen Westküste bis Gabun. Hier aber wurden für einen Papagei Mitte November 10—15 Shilling gefordert, da die Tiere recht selten und demgemäß sehr gesucht waren. Im März 1892 waren die Preise in Gabun infolge des starken Angebotes nach der Brutperiode auf 1 Shilling 6 Pence gesunken. Die Tiere waren aber noch ganz jung und mußten teilweise noch gefüttert werden. Mitte April kaufte ich in Gabun 7 Papageien von einem Händler, der eine große Anzahl, wohl gegen hundert Stück, in sog. Hühnerstiegen an Bord brachte, das Stück für 4 bis 5 Shillinge. Weiter nordwärts, im ganzen Kamerungebiete, bis nach Accra hin, werden nie auf den Schiffen Graupapageien angeboten. Eigentümlich, denn der Graupapagei ist in Kamerun nicht weniger häufig als süd- und nordwärts. Die Kaufleute in Kamerun, die sich gern in den Besitz eines Vogels setzen möchten, lassen sich denselben erst durch die Dampfer aus dem Süden mitbringen. Der Umstand ist um so auffälliger, als die Kameruner sonst einen ganz ausgeprägten Handelsgeist besitzen und so ziemlich alles zum Kaufe anbieten, von dem sie voraussetzen, daß es jemand kauft. Erst in Accra also wird der mit dem Dampfer reisende wieder Papageienhändler an Bord erscheinen sehen. Hier war im Dezember die Zahl der angebotenen Vögel eine weit größere als an der Südwestküste, auch waren die Preise billigere. Im März und April wurden ebenfalls sehr viele angeboten. Alle aber hatten vollkommen maisgelbe Iris, sowohl die im Dezember, wie die im März und April angebotenen, und wurden wegen ihrer Bösartigkeit und des furchtbaren Geschreies, das sie beim Näherkommen eines Menschen ausstießen, von den Matrosen als „Krähen" bezeichnet. Man konnte hier das Stück schon für 3 bis 4 Shillinge kaufen. Die Tiere waren nicht, wie an den südlichen Plätzen, einzeln in kleinen Käfigen, sondern je 30 bis 40 Stück in einem großen, ca. 1 m langen, 30 cm breiten und 15 cm hohen Käfig, dessen Vertikaldurchschnitt annähernd einen Halbkreis darstellte und der aus Rohr oder Schilf hergestellt war. Weiter nach Norden wurden mir keine Graupapageien mehr angeboten, auch in Liberia nicht, das ich viermal besuchte und wo ich stets versuchte, durch dortige Kaufleute oder unsere „Krnboys" Vögel zu erhalten. In Sierra Leone (Freetown) wurden mir dagegen Timnehs angeboten zum Preise von 4 bis 6 Shillingen. Ich erwarb mir nur zwei, in der Absicht, bei einer abermaligen Hinkunft, die aber leider nicht erfolgte, mehr mitzunehmen.*) Auch hier konnte ich Graupapageien nicht auftreiben, trotzdem ich hohe Preise dafür versprach, so daß ich zu der sicheren Annahme gelangt bin, daß der Timneh den Graupapagei in Sierra Leone vollständig vertritt. Umgekehrt war es mir übrigens mit dem Timneh in Gabun gegangen. Aufmerksam gemacht durch Finsch's Angaben über die beiden im Pariser und Britischen Museum befindlichen Exemplare des Timneh in Gabun habe ich mir alle Mühe gegeben, etwas über das Vorkommen des Timneh in Gabun zu erfahren oder ein Exemplar zu erhalten. Meine Bemühungen blieben vollkommen ohne Erfolg.

Doch das nebenbei.

Man kauft die Vögel an Bord der Schiffe oder in den Küstenstädten durchaus nicht aus erster Hand. Einzelne Händler bereisen geradezu die Küstenstriche bis ziemlich tief in das Innere hinein, um die Vögel von ihren Fängern aufzukaufen und dann wieder an die Dampferpassagiere oder die Seeleute zu verkaufen.

Als Kuriosum will ich noch erwähnen, daß uns, die wir direkt aus dem Papageienlande kamen, in Madeira und auf den Canarischen Inseln Graupapageien für 20 Mark das Stück angeboten wurden.

Bei der Ankunft eines von der afrikanischen Westküste kommenden Dampfers in Hamburg erscheinen sofort eine Menge kleinerer Händler an Bord, um die von den Matrosen mitgebrachten Papageien und anderen Tiere zu kaufen, und da geht manchmal ein Feilschen und Handeln los, daß man meint, auf der Messe zu sein. Auch die Passagiere werden bisweilen von den Händlern belästigt, wenn letztere gemerkt haben, daß die ersteren Tiere mitgebracht haben. Da helfen alle Beteuerungen nichts, daß man die Tiere für sich mitgebracht hat und nicht, um sie zu verkaufen. Mit einer Zungenfertigkeit und Ausdauer, die einer besseren Sache wert wäre, wird immer wieder „angebohrt", bis der Reisende sich endlich ganz energisch alle weiteren Verhandlungen verbittet. Die Preise, die gezahlt werden, schwanken zwischen 8 bis 10 Mark für einen frisch importierten „Dampfervogel". Es wird nämlich ein Unterschied zwischen den „Dampfer"- und „Segelschiffsvögeln" gemacht und die letzteren, da sie fester und ausdauernder sein sollen, teurer bezahlt.

*) Anhangsweise will ich noch mitteilen, daß ich in Freetown für ein Pärchen Mohrenkopf (Poeocephalus senegalus) 10 Shilling, für ein Exemplar des Unzertrennlichen (Agapornis pullaria) in Accra und Quittha 6 Pence bezahlte. Andere Papageien, die im Süden ein Handelsartikel sind (Poeocephalus robustus, Guilelmi und fuscicollis) wurden mir nicht angeboten und waren auch nicht zu erlangen.

Die Haupteinfuhrplätze sind Liverpool, Rotterdam, Antwerpen und Hamburg.

Von den Händlern kann man frisch importierte Vögel jederzeit für 15 bis 20 Mark erhalten. Sog. „an Hanf und Wasser gewöhnte" sind schon teurer und sprechende oder pfeifende können bis auf 200 bis 300 Mark zu stehen kommen. Ich kann niemand dazu raten, sich einen solchen billigen Vogel für 15 bis 20 Mark zu kaufen. In den meisten Fällen wird er nicht viel Freude daran erleben, da er sich einen Todeskandidaten erworben hat.

Woran liegt dies nun?

Schon wiederholt ist in den verschiedensten Zeitschriften von der Sterblichkeit der frisch importierten Exemplare unseres Vogels und Maßregeln zur Verhütung derselben die Rede gewesen. So spricht sich im Jahrgang 1886, S. 15 der Monatsschrift des „Deutschen Vereins zum Schutze der Vogelwelt" Herr A. v. Werther über die „ungeheuer große Sterblichkeit unter den neu importierten jungen Graupapageien" aus und macht den Vorschlag, daß sich die an der Westküste Afrikas gelegenen Faktoreien in dem Graupapagei einen Nebenartikel zulegen möchten. Er spricht sich über die Art und Weise, wie diese Vögel gehalten und unterrichtet werden könnten, aus und kommt zu dem Schluß, daß die geringen Aussichten, welche man jetzt habe, einen jung importierten Jako am Leben zu erhalten, dann sich bessern würden, da die Vögel sich dann in widerstandsfähigem Alter bereits befänden, wenn sie ihre Reise nach Europa anträten.

Dieser Versuch ist nun mehrfach — ich weiß nicht, ob infolge dieser Veröffentlichung oder infolge eigener Erwägung — gemacht worden, aber ohne die von Herrn v. Werther daran geknüpften Hoffnungen zu erfüllen. So befindet sich in Majumba im französischen Kongogebiet, südlich von Gabun, die Faktorei eines deutschen Hauses, deren Vorsteher, ein Herr Jäger, es sich zur Aufgabe gemacht hatte, junge Graupapageien heranzuziehen, um sie dann in erwachsenem Zustande an die Kapitäne und Passagiere der anlaufenden Dampfer, z. T. in größeren Partieen, zu verkaufen. Dieser Umstand ist den mehr oder weniger regelmäßigen Besuchern der afrikanischen Westküste, vor allem den Kapitänen und Offizieren der Dampfschiffe, sehr wohl bekannt und deshalb die Papageien des Herrn Jäger ein „stets gesuchter und gutbezahlter Artikel". Daß sich aber dadurch die Sterblichkeitsverhältnisse der Graupapageien gebessert, habe ich in keinem Falle finden können. Im Gegenteil klagte mir ein Schiffskapitän, den ich in Accra traf, daß von 20 in Majumba von Herrn J. gekauften Papageien nach ca. 14 Tagen schon kein einziger mehr lebe. Da ich ähnliche Beobachtungen auch an anderen Orten machte, wo an die Reisenden schon längere Zeit in Gefangenschaft gehaltene Graupapageien verkauft wurden, scheint mir der Vorschlag des obengenannten Herrn v. Werther also nicht dem Uebel abzuhelfen. Auch habe ich mehrfach gesehen, daß Vögel, die man auf den ersten Augenblick als alte erkannte (letztere sollen nach der Ansicht des Herrn v. W. leichter zu importieren und zu akklimatisieren sein), schon nach ganz kurzer Zeit ihres Aufenthaltes auf dem Dampfer eingingen.

Ebensowenig kann ich mich aber der Ansicht des Herrn Karl Wernherr vollständig anschließen*), der die Sterblichkeit der Graupapageien lediglich der allgemein, besonders von seiten der Händler, eingeführten zu fetten Fütterung mit Hanf zuschreibt. Freilich mag diese und die zu geringe Bewegung wohl einen großen Teil mit dazu beitragen, einen schon kränklichen oder wenigstens nicht ganz festen Vogel, der durch andere zweckentsprechende Behandlung und Fütterung leicht zu erhalten gewesen wäre, zu seinen Vätern zu versammeln, oder auch bei manchem gesunden Vogel die Verdauung zu ruinieren und damit den Keim des Todes in ihn zu legen, aber im allgemeinen liegt nach meiner Ueberzeugung der Fehler doch wo anders.

Schon Reichenow schreibt darüber in „Brehms Jllustr. Tierleben"**):

„Jedes Schiff, welches die Küste Westafrikas verläßt, führt eine mehr oder weniger erhebliche Anzahl von Jakos mit sich. Von dieser Anzahl gehen während der kurzen Seereise, trotz der höchst mangelhaften Pflege, nur wenige ein: um so bedeutender aber ist die Sterblichkeit unter denen, welche nach Europa gelangten. Die schlechte Behandlung unterwegs legt den Todeskeim. Der größte Mangel der Pflege beruht darin, daß ein absonderlicher, aber allgemein verbreiteter Irrtum die Schiffer verleitet, den Papageien unterwegs Trinkwasser vorzuenthalten. Da nun hauptsächlich trockenes Hartbrot als Futter gereicht, Trinkwasser aber entzogen wird, müssen notwendigerweise Verdauungsstörungen und damit Krankheiten der Verdauungswerkzeuge eintreten, denen die Vögel zum größten Teile erliegen. Das Schiff, auf welchem ich zurückkehrte, brachte einige dreißig Graupapageien mit herüber. Sie erhielten auf meine Veranlassung zweimal täglich Trinkwasser und kamen, bis auf einen einzigen, in bester Gesundheit in Europa an. Beachtet man ferner, daß die Jakos in der Freiheit vorzugsweise mehlige Sämereien fressen, und reicht man ihnen anfänglich nur solche, nicht aber Hanf und andere Oelsamen, so wird man schwerlich Verlust dieser harten Vögel zu beklagen haben."

Ich kann diesen Worten nur vollständig zustimmen. Die schlechte Behandlung unterwegs legt den Todeskeim. Ich habe zweimal die Reise nach Westafrika und zurück gemacht, habe auf diesen Reisen noch eine ganze Anzahl nach Hause zurückkehrender Dampfer besucht und sowohl auf meinen, wie auf den besuchten Schiffen überall dieselben Verhältnisse gefunden. Auf allen Dampfern wurden Papageien mit nach Europa genommen und zwar meistenteils in einer Anzahl von 60 bis 100 Stück auf jedem Schiffe. Und zwar waren es nicht nur die Passagiere und Offiziere des Schiffes, die sich einen oder mehrere Vögel als Andenken oder Geschenke für Verwandte und Bekannte mitnahmen, sondern vor allem die Matrosen, in erster Linie der Bootsmann und Schiffszimmermann, die die Tiere in Massen aufkauften, um sie dann in Hamburg zu guten Preisen wieder loszuschlagen. Nun war es aber bei der Anmusterung ausdrücklich untersagt worden, Papageien und andere Tiere als Handelsartikel mit nach Europa zu bringen, da der damit getriebene Unfug ein zu großer war. Das Deck, sowie einzelne „bevorzugte" Räume, besonders das Badezimmer, waren früher bisweilen durch das Halten der Papageien auf und in ihnen zu einem wahren Stall umgewandelt worden. Infolgedessen mußten sich die Leute, zumal, wenn der Kapitän sich streng an die Bestimmungen der Anmusterung hielt, anders helfen. Dies thaten sie dadurch, daß sie die Tiere in ihren Kabinen resp. in dem Mannschaftslogis oder in anderen Räumen, in die der Kapitän nicht allzuhäufig kam, z. B. in den Lampenkammern, unter brachten.*) Von der Luft in den Mannschaftsräumen kann man sich nun einen ungefähren Begriff machen, wenn man bedenkt, daß sich in ihnen, deren Platz meistenteils gerade so groß ist, daß er den gesundheitspolizeilichen Vorschriften nicht zuwiderläuft, eine Anzahl von 15 bis 20 und

---

*) Ruß berichtet in seinen „Fremdländischen Stubenvögeln", daß die Matrosen, da die Eigner der afrikanischen Dampfschiffe eine Fracht von 5 Shillingen auf jeden Graupapagei gesetzt hätten, bei Nacht die Vögel auf das Schiff schmuggelten und im Maschinenraume versteckten, wo sie infolge der heißen, verdorbenen, von Qualm und Dunst erfüllten Luft erkrankten. (S. 607). — Nun, — wer die Verhältnisse auf einem größeren Dampfer kennt, der weiß, daß ein Verbergen einer Anzahl von Graupapageien, auch nur eines einzigen Exemplares, überall leichter möglich ist auf dem Schiffe, als im Maschinenraume. Kein Platz im ganzen Schiffe hat sich einer so unausgesetzten und so eingehenden Beobachtung von seiten der Schiffsoffiziere, besonders der Maschinisten, zu erfreuen, als gerade der Maschinenraum, wie es ja bei der Bedeutung, die dieser für das ganze Fahrzeug hat, wohl erklärlich ist. Ich glaube nicht, daß dort ein Gegenstand, sei es, was es wolle, auch nur einen Tag den Augen des den Dienst habenden Beamten entgehen könnte.

mehr Matrosen, die den Tag über bei 30 bis 40 Grad Hitze ihrer Arbeit nachgegangen waren und demgemäß transspirierten, meist noch 2 bis 3 oder mehr Affen und dreißig, vierzig und mehr Papageien entweder einzeln in kleinen Käfigen oder in größerer Anzahl in größeren Käfigen befanden, — jedenfalls stets so, daß sie sich kaum darin bewegen konnten, — die, sobald ein Vorgesetzter in Sicht kam, mit Tüchern und Lappen verhängt wurden. Dazu bei Seegang geschlossene Fenster, die an sich schon klein genug sind! Die Lampenkammern u. s. w. dagegen waren meist ganz ohne Licht und außer der Thüre auch ohne Ventilation. Daß eine solche Luft schon genügt, um einem Tier den Todeskeim in die Brust zu legen, bedarf wohl keiner näheren Begründung. Außerdem fehlt dem Tier die Gelegenheit zu jeder Bewegung, die es doch notwendig haben müßte, um den Körper durch regen Stoffwechsel zu befähigen, die Krankheitskeime zu überwinden. Denn „Lungengymnastik treibt der Vogel, wenn er die Flügel gebrauchen kann", sagt Hüfler mit vollem Recht auf Seite 32 d. Jahrg. 1893 d. Monatsschrift d. „Deutschen Vereins zum Schutze der Vogelwelt". Ich habe auch thatsächlich bei der Sektion einer Anzahl auf der Reise gestorbener Graupapageien nicht „Leberanschwellung und Verstopfung der Durchgangskanäle", wie Herr Tierarzt Dunker bei den Vögeln des Herrn Schmelzpfennig*), sondern Lungentuberkulose mit großen Cavernen gefunden.

Als weiteres Moment zu den schlechten Erfolgen bei der Einführung des Graupapageies kommt sodann die unzweckmäßige Fütterung an Bord der Schiffe, die schon, wie bereits Reichenow konstatiert hat, die Vögel mit Verdauungsstörungen nach Europa gelangen läßt, so daß sie Todeskandidaten sind, ehe sie noch in die Hände der Liebhaber gelangen. Erstens ist es, wie Reichenow sagt, der gänzliche Mangel an Trinkwasser, der die Vögel krank macht, eine Thatsache, von deren Richtigkeit man die Seeleute trotz aller Mühe nicht überzeugen kann, und dann die Fütterung mit Hartbrot, Semmel, Schwarzbrot, Zwieback, Fleisch, Kartoffeln, kurz, allem möglichen, was von der Mittags- oder Abendmahlzeit ihrer Besitzer übrig bleibt, was die Papageienmagen vollständig ruiniert.*)

---

*) Oruith. Monatsschrift 1892, S. 311.

*) Ruß meint in seinen „Fremdländischen Stubenvögeln", die Papageien erhielten kein Trinkwasser infolge des Umstandes, daß mit dem Wasser infolge des Mangels sparsam umgegangen werden müsse. Der Grund ist aber ein ganz anderer. Heutzutage hat wohl fast jeder der größeren Dampfer mit der Maschine einen Destillationsapparat verbunden, so daß ein Mangel an Trinkwasser kaum möglich ist. Das „Nichtdarreichen" erfolgt lediglich aus dem Vorurteile, daß Trinkwasser den

31

Ich habe darüber auf meinen beiden Reisen Versuche angestellt und Erfahrungen gemacht, die meine schon vorher auf Grund verschiedener Berichte gefaßten Ansichten voll und ganz bestätigen.

Auf der ersten Reise hatten wir, der Kapitän, verschiedene Passagiere und ich, unsere Papageien zum Teil einem alten Matrosen übergeben, der sie nach den eben angegebenen Grundsätzen im Mannschaftslogis verpflegte, während der erste und dritte Offizier ihre Papageien lediglich mit Mais in ihrer Kammer fütterten und ab und zu an Deck nahmen, um ihnen Bewegung an frischer Luft zu gönnen. Die letzteren haben ihre Vögel alle gut mit nach Hause gebracht, während die „Jochem" übergebenen zum größten Teile zu Grunde gingen. Von meinen Papageien brachte ich lediglich einen „Jako" mit nach Hause, der aber schon kurze Zeit, nach dem er in andere Hände übergegangen war, trotz Fütterung mit Mais und Wasser und sorgsamster Pflege einging, sowie zwei Mohrenköpfe, die, wie es scheint, bessere Lungen und Magen haben, als die Graupapageien. Von 2 Timnehs (Ps. timneh), von denen einer von dem Matrosen nach gleicher Art gefüttert wurde, während ich den anderen in meiner Kammer selbst mit Mais*) fütterte, starb der erstere, während der letztere noch heute, nach über 3 Jahren, wie schon mitgeteilt, lebt und sich wohlbefindet.

Auf der zweiten Reise nahm ich mir von Gabun sieben junge, noch schwarze Iris zeigende und Restdunen tragende Vögel mit, die ich diesmal, durch die Erfahrungen der ersten Reise gewitzigt, alle selbst in meiner Kabine mit Mais und zweimal täglich erneutem nicht abgekochtem Wasser verpflegte. Die Tiere befanden sich in großen, ihnen vollkommen genügende Bewegung gewährenden Käfigen, die häufig gereinigt wurden (was von seiten der Matrosen aus leicht erklärlichen Gründen sehr selten geschieht). Von diesen starben zwei an den Folgen eines Kampfes, während

Tieren Schaden zufügen könnte, ein Vorurteil, dem ich unzählige Male begegnet bin, und das sich von Generation zu Generation bei den Seeleuten fortzupflanzen scheint. Die Leute waren einfach wortlos, als sie sahen, daß ich meine Vögel täglich mit Wasser versorgte.

*) In Ruß' „Fremdländischen Stubenvögeln" berichtet auf Seite 609 des III. Bandes Herr Richter, die Papageien würden auf der Reise mit Mais, Schiffszwieback und Palmnüssen gefüttert, namentlich wenn das Schiff mit letzteren befrachtet sei. Die beiden Dampfer, mit denen ich fuhr, hatten je ca. 20000 Ztr. Palmnüsse geladen, doch habe ich niemals gesehen, daß es einem Matrosen eingefallen wäre, die Papageien mit Palmnüssen zu füttern. Meine Papageien, denen ich versuchsweise mehrmals Palmnüsse vorsetzte, rührten dieselben nicht an; auch in der Freiheit habe ich niemals einen Papagei auf einer Oelpalme Nahrung suchen sehen.

die anderen fünf, obgleich der eine, der jüngste, zweimal das Bein gebrochen hat, zu gesunden, kräftigen Vögeln herangewachsen sind, sich vollständig gemausert und das Gefieder der Erwachsenen und eine maisgelbe
Iris bekommen haben. Auch auf dieser zweiten Reise hatten die Matrosen,
obgleich sie dieselben Vögel wie ich gekauft, ebenso viele Verluste zu beklagen, wie auf der ersten, da sie bei dem althergebrachten Verfahren
stehen geblieben waren, von dem sie wohl überhaupt nicht abzubringen
sein werden, da sie derartige Dinge „viel besser verstehen", während diejenigen unserer Passagiere, welche gleich mir die Vögel lediglich mit Mais
und reichlichem Wasser selbst verpflegten, gute Resultate hatten.

Dieselbe Ansicht, wie ich sie eben auseinandergesetzt, vertritt auch
der schon mehrfach erwähnte A. Mann. Er schreibt:

„Die Bemerkung des Herrn M. Allihn: „„es bleibt nur die
Annahme übrig, daß die Neger durch nachlässige und verkehrte Aufzucht
der jungen Tiere den Todeskeim in sie hineinlegen*),"" entbehrt der
Begründung. Manche alte Pollys sieht man bei den Negern. Die
Vogelfänger aber ziehen ihre Gefangenen nicht auf, sondern nähren sie
nur, bis sie solche an ein Schiff verkaufen, was gewöhnlich schon nach
einigen Tagen geschieht, da 1 bis 2 Dampfschiffe wöchentlich an den
Stationen ankommen. Es kann daher die große Sterblichkeit der Vögel
nicht von den Fehlern der Neger beim Aufziehen derselben herrühren,
sondern der Grund muß im Klimawechsel, im Transport und darin
gesucht werden, daß ihnen die heimische Nahrung fehlt."

Der letztere Punkt erfordert wieder unsere volle Aufmerksamkeit.

*) Monatsschrift des Deutschen Vereins zum Schutze der Vogelwelt 1884, S. 216.

In der Fremde.

II.

Wie soll man den Graupapagei füttern?

Von den fünf mitgebrachten Graupapageien sind noch zwei in meinem Besitz, während ich drei an Freunde überlassen habe. Meine beiden Vögel haben in den ersten Jahren nie etwas anderes als Mais*), der, wenn er zu alt und zu hart war, gequellt wurde, sowie Hafer, besonders in der Erntezeit, gut durchgebackenen Zwieback und reichlich nicht abgekochtes Brunnenwasser bekommen. Ab und zu bekommen sie auch einige Kirschen oder eine Schnitte Birne oder Apfel. Auch ein Schulp des Tintenfisches (Os sepiae) wird öfter gegeben und gern genommen. Ein großer Leckerbissen ist für sie ein Stück Brot oder Semmelrinde, auf das Butter gestrichen ist. Sie sind so „erpicht" darauf, daß die Butter stets fest verschlossen auf dem Tische stehen muß, da sie sich sonst sogar dem Naschen hingeben. Zu reichlicher Buttergenuß ist den Graupapageien nach meiner Ansicht sicher schädlich. Ich konnte wenigstens öfter beobachten, daß die Tiere danach ganz wässrige Ausleerungen erhielten. Dagegen halte ich für ein sehr gesundes und zuträgliches Futter, das auch leidenschaftlich gern genommen wird, sog. Milchreis, d. h. in Milch weichgekochten Reis. Auch auf Geflügelknochen, die ihres Fleisches vollkommen entkleidet sind, sind die Tiere sehr lüstern, sodaß ich dadurch fast die Ansicht mancher „Afrikaner" erhalten habe, daß der Graupapagei in der Freiheit wohl dem Verzehren von Nestjungen anderer Vögel, die er gerade zufällig erlangt, nicht ganz abgeneigt ist. Damit ist der Speisezettel meiner Vögel aber erschöpft. Hanf erhalten dieselben nicht. Derselbe soll ja nach der Ansicht mancher Liebhaber sogar die Schuld daran tragen, wenn die Papageien in die Unart des Federausziehens verfallen. Bemerken will ich nur noch dazu, daß ich Leckereien (Butter, Knochen ıc.) erst dann geboten habe, als die Vögel mehrere Jahre in meinem Besitze und vollständig akklimatisiert waren.

Dagegen habe ich ihnen während des ganzen Sommers bis Ende Oktober, noch bei 4° Wärme, Gelegenheit gegeben, sich im Freien zu

---

*) Wie ich es von den Eingeborenen gesehen hatte. Dieser ist ja auch neben anderen Sämereien ein Hauptnahrungsmittel der Papageien dort, wo er angebaut wird.

bewegen. Ich habe ihnen zu diesem Zwecke einen Flügel verschnitten und sie dann im Garten entweder in das Gras, von dem sie einzelne Halme mit sichtlichem Wohlbehagen verzehrten, oder auf einen Baum gesetzt, dessen Äste sie mit großer Virtuosität ihrer Rinde entkleideten, und sie dort laut schreiend, pfeifend und rufend bis zum Dunkelwerden, bewacht von einem Hunde, — oft auch bei Regenwetter — sitzen lassen. Nie habe ich bemerkt, daß ihnen dies unangenehm gewesen oder schlecht bekommen wäre. Es stimmt das übrigens zu einer Beobachtung des Prinzen von Wied an südamerikanischen Papageien, die sich in Brehms Tierleben vorfindet: „Bei heftigen tropischen Gewitterregen, welche zuweilen die Luft verdunkeln, sieht man die Papageien oft unbeweglich auf den höchsten dürren Ast-spitzen der Bäume sitzen, und munter erschallt ihre Stimme, während das Wasser von ihnen herabfließt. Dichtes Laub und dichte Baumäste, wo sie Schutz finden könnten, mögen in der Nähe sein; allein sie ziehen den warmen Gewitterregen vor und scheinen sich darin zu gefallen." Ich habe in Afrika dieselbe Beobachtung an Graupapageien gemacht.

Daß übrigens Graupapageien bei weitem nicht so empfindlich gegen Kälte und Temperaturunterschiede sind, wie allgemein angenommen wird, glaube ich außer dem eben Angeführten auch daraus schließen zu müssen, daß ich im Januar 1892 den aus Afrika mitgebrachten Timneh in einem offenen gewöhnlichen Papageibauer unverpackt von Hamburg nach Leipzig als Passagiergut befördern lassen konnte, ohne daß das Tier irgendwelche Anzeichen von Unwohlsein zu erkennen gab.

Auch hierzu findet sich in Brehms Tierleben eine analoge Mit-teilung Buxtons, der auf seinen Gütern in England Versuche gemacht hat, Papageien einzubürgern, die folgendermaßen lautet: „In der That glaube ich, daß gesunden und gutgefütterten Vögeln dieser Art die Kälte nicht nachteilig ist. Thatsächlich haben sie solch wundervolles Feder- und Dunenkleid und so lebhaften Blutumlauf, daß die Kälte sie selten tötet, und wenn ich es auch nicht glaube, daß sie dieselbe lieben, erscheint es doch immerhin merkwürdig genug, Papageien aus Afrika, Sittiche aus Indien und Loris von den Philippinen von unserem Froste und Schnee nicht leiden zu sehen. Bemerken will ich, daß der Gärtner erklärt, die Jakos merkten ein Unwetter im Voraus und nähmen, bevor es hereinbräche, oft ihre Zuflucht in den Glashäusern."

Ich habe mich nun bemüht, etwas über die anderen drei Vögel, welche ich von meiner zweiten Reise mitgebracht und dann an Bekannte abgegeben habe, zu erfahren und erlaube mir die Resultate dieser Er-kundigungen in nachstehendem mitzuteilen:

Herr Kalmann in Altona schrieb mir über seinen Papagei: „Gern folge ich Ihrem Wunsche, Ihnen genaueres über die Pflege meines Papageien mitzuteilen. Leider ist derselbe vor 3 Wochen gestorben, nachdem er 6 Monate vollständig gesund geblieben war.

Als Futter reichten wir ihm Hanfsamen und in schwarzem Kaffee geweichtes Weizenbrot, kein Roggenbrot. Dasselbe wurde ihm, nachdem es tüchtig ausgedrückt war, dreimal täglich, morgens, mittags und abends, gereicht und ersetzte ihm gleichzeitig das Getränk. Hanfsamen bekam er, so viel er wollte. An heißen Tagen reichten wir ihm etwas schwarzen Kaffee, doch sehr wenig, da er nach vielem Trinken regelmäßig Durchfall bekam. . . . . .

Wie bereits angedeutet, erfreute sich das Tierchen bis Ende November einer steten Gesundheit. Dann sank hier die Temperatur schnell und bedeutend. Trotz aller Vorsicht muß der Vogel sich durch Zugluft einen Durchfall zugezogen haben, der durch seine Heftigkeit das Tier dermaßen schwächte, daß mir ein Vogelhändler riet, ihm süßen Rotwein zu geben. Diesen Rat befolgte ich und erzielte damit einen guten Erfolg. Nachdem er jedoch ziemlich wieder hergestellt war, traten plötzlich Krämpfe ein, denen das Tier erlegen ist.

Wir hielten ihn immer so warm wie möglich. Je wärmer er stand, desto lebhafter war er. Nachts wurde er mit einer Decke zugedeckt. An sehr warmen Tagen, wenn diese ganz windstill waren, kam er in den Garten. Ich bin überzeugt, daß der Papagei richtig gepflegt wurde, und wären mir nicht falsche Ratschläge erteilt worden, besäße ich ihn vielleicht noch heute."

Man beachte hier: Hanffütterung, kein Wasser, also ganz die Pflege, die den Papageien gewöhnlich von seiten der Matrosen und der Händler zu teil wird, ängstlicher Schutz vor Zugluft und Temperaturschwankungen, und bei dieser Pflege Tod des gesund angekommenen Vogels.

Herr Luboldt in Cuba bei Gera berichtete:

„ . . . . . Als Futter bekommt er in der Hauptsache Mais, im Anfange Pferdezahnmais, jetzt kleineren. Fleisch verachtet er. Dagegen nimmt er sehr gern eingeweichte Semmel, Käse (Schweizer und Holländer) und Kuchen. Als Getränk bekommt er gewöhnliches, nicht abgekochtes Brunnenwasser. Wein, Bier oder Sekt nimmt er nicht. . . . ."

Also hier entgegen dem vorhergehenden Falle: Maisfütterung, ungekochtes Brunnenwasser. Dabei Wohlbefinden des gesund importierten Papageien.

— 38 —

Herr Paul Schellig in Gera teilte mir folgendes mit:

„. . . Ich gebe stets, Sommer und Winter, abgekochtes Brunnenwasser einmal früh, im Sommer zweimal. Früher fütterte ich mehrmals täglich Hanf, vor allem Albert Biskuit (ca. 4 täglich) und seit neuer Zeit gequollenen Mais, ohne Hanf. Leckereien, Zucker, Fleisch 2c. gebe ich nicht; höchstens im Sommer eine Idee Weintraube oder Pflaume, Kirsche zu Mittag. . . . . Gelungen ist es, daß er, wenn er nicht besonderen Hunger hat, stets ein Stückchen Biskuit aus dem Futternapf nimmt und in den Wassernapf wirft, ein paar Mal untertaucht und erst dann verzehrt. . . . ."

Fütterung also hier Mais (im Anfang auch Hanf). Täglich Trinkwasser, abgekocht. Dabei Vogel, der gesund importiert war, gesund geblieben.

Ueber den Timneh (Psittacus timneh Fras.) des Herrn Dr. Häfler in Chemnitz, den ich im Dezember 1891 in Sierra Leone erwarb, im Januar 1892 mit nach Hamburg brachte, dann bis Mitte April selbst pflegte resp. pflegen ließ, um ihn hierauf an obigen Herrn abzugeben, hatte dieser die Güte, mir folgenden Beitrag zu liefern, den ich einschalte:

„. . . . Als Futter bekam er im Anfang nur gewöhnlichen, ungekochten Pferdezahnmais, den er ganz ordentlich fraß; nie Hanf. Später bekam er kleinen gelben Mais, den er nach einigem Widerstreben auch annahm. Stets bekam er gewöhnliches Wasserleitungswasser, von etwa Zimmertemperatur. Ich kann überhaupt den Nutzen des abgekochten Wassers nicht einsehen. Wirklich pathogene Keime sind ja ohnedies meist nicht darin; und die gewöhnlichen, die sich darin verfinden, werden ja allerdings durch das Abkochen getötet. Sobald aber der Vogel, der doch seinen Schnabel nicht desinfiziert, einmal getrunken hat, ist das Wasser ja auch, im bakteriologischen Sinne, verunreinigt, ganz abgesehen von gröberen Verunreinigungen, durch Sand 2c., die sich nicht vermeiden lassen. Ein gesunder Vogel wird das Wasser eben vertragen, und ein kranker, septischer, wird auch durch abgekochtes nicht gerettet. Selbstverständlich darf das Wasser nicht eisig kalt sein. Gegen Zugluft und Kälte wurde und wird der Vogel thunlichst geschützt, obwohl es gewiß vorgekommen ist, daß ihn einmal Zugluft getroffen hat; denn er hat im Sommer oft am offenen Fenster gestanden. Auch die bekannte übergroße Empfindlichkeit der Papageien gegen Zugluft möchte ich nicht uneingeschränkt bestätigen. Es ist sehr üblich geworden, besonders beim Vogelhändler, wenn, wie es leider ja vorkommt, ein Papagei nach einiger Zeit stirbt, die Zugluft für das verantwortlich zu machen, und dem Käufer also in die Schuhe zu schieben, was die auf dem Vogelschiffe acquirierte Sepsis verschuldete. Aehnliches findet sich ja auch in der menschlichen Pathologie: was legt man alles der Erkältung zur Last! Lungenentzündung, Rückenmarkschwindsucht, Diphtheritis, Keuchhusten ꝛc. Bis zum Sommer war Jako nicht merklich zahm geworden. Als aber die Kirschen reif wurden und er einmal eine bekam, fand er daran einen solchen Geschmack, daß es in sehr kurzer Zeit gelang, ihn sehr zutraulich zu machen. Bisher hatte er den Käfig nicht verlassen; bald aber ging er auf einen ihm vorgehaltenen Stab und ließ sich im Zimmer umhertragen; schließlich ging er auf den Finger. Er wurde sehr zahm. Das Beißen, das er anfangs versucht hatte, wurde ihm sehr bald abgewöhnt. Im Käfig wollte er nicht mehr bleiben, sondern pochte mit dem Schnabel an die Thüre, daß man ihm öffnen solle; sehr gern saß er nun auf dem Käfig. Endlich bekam er, um noch mehr Freiheit zu haben, einen Kletterbaum, eine Art Pfahl mit 14 natürlichen Apfelholzästen mit Rinde, unten mit breitem Fußbrett, oben mit einer Art Teller versehen. Dieser Baum ist nun sein Lieblingsaufenthalt; hier knappert und klettert er nach Belieben herum und kommt nur Nachts in den Käfig. Wenn das Fußbrett groß genug ist, ist die Unreinlichkeit nicht zu groß.

Mit seiner steigenden Zahmheit hat sich auch der Speisezettel erweitert. Zu Mittag bettelt er, indem er einen kurzen Pfiff ausstößt. Er frißt nun vielerlei: besonders gern weiche Gemüse, Braunkohl, Blumenkohl, Rosenkohl, Krautsalat; dann und wann Dessert, auch süße Fruchtsäfte; jedoch keinen Zucker. Ein Leckerbissen für ihn ist Butter. Ich trage kein Bedenken, ihm das zu geben, da er sich dabei außerordentlich wohl befindet, und da er nebenbei immer noch seinen Mais frißt. Manchmal erhält er auch eine Sepiaschuppe, die er in kurzer Zeit vertilgt."

Zu beachten ist hier: Maisfütterung, nicht abgekochtes Wasser, zwar Schutz gegen Zug und Temperaturschwankungen, aber nicht übertrieben ängstlich, gesund angekommener Vogel, der bei dieser Pflege auch gesund blieb.

Von den auf der Reise von mir selbst mit Mais und Wasser verpflegten und gesund angekommenen sechs Papageien ist also nur einer, der dann mit Hanf und Wasserenthaltung gepflegt wurde, gestorben, während die anderen, in der von mir angefangenen Weise mit Mais und Wasser weiter gefütterten sämtlich gesund geblieben sind. Während anderseits ein Exemplar, das von mir nicht persönlich auf der Reise gepflegt, sondern nach „Matrosenart" gefüttert wurde, später trotz Mais und Wasser einging. Aus allem Mitgeteilten glaube ich nun folgende Schlüsse ziehen zu müssen:

1. Der Graupapagei verlangt auf der Seereise eine gute Pflege, Gelegenheit zur Bewegung in freier Luft, Fütterung mit mehlhaltigen Sämereien und vor allem mehrmals täglich Wasser. Die meisten Papageien gehen ein infolge ungeeigneter Behandlung auf der Reise.

2. Ein vorheriges Gewöhnen an die Gefangenschaft ist ohne Einfluß auf die Sterblichkeit nach der Ankunft in Europa oder während der Reise.

3. Es ist nicht nötig, das Wasser abzukochen, welches den Vögeln zum Trinken gereicht wird. Im Gegenteil glaube ich, daß vielleicht die im Wasser vorhandene Kohlensäure einen günstigen Einfluß auf die Verdauung ausübt.

4. In den ersten Monaten nach der Ankunft füttere man den Papagei wie in der Heimat und auf der Reise hauptsächlich mit Mais. Später schadet es jedenfalls nichts, wenn er auch ölhaltige Sämereien mit bekommt, z. B. Hanf, besonders im Winter, weil in dieser Jahreszeit in unserer Zone bedeutend größere Anforderungen an die Wärmeproduktion des tierischen Körpers gestellt werden, als in dem heißen Afrika. Doch darf Hanf nie der Hauptbestandteil des Papageienfutters sein.

Ich hatte diese meine Ansichten bereits im Jahre 1893 in der „Ornithologischen Monatsschrift des Deutschen Vereins zum Schutze der Vogelwelt" veröffentlicht und kann mich zahlreicher anerkennender Aeußerungen darüber und auch eines gewissen Erfolges erfreuen. So schreibt Kloß in seinem Buche „Der Graupapagei"*): „Die Haupt- und Lieblingsnahrung des Jako, welche ihm auch von seinem Vaterlande her bekannt ist, ist guter, großkörniger, weißer Mais, auch Pferdezahnmais**) genannt, und zwar, der sehr harten Beschaffenheit der Körner wegen, halbweich gekocht oder aufgequellt. Dieser wird täglich frisch zubereitet und, nachdem das Wasser abgegossen und der Mais mit einem Tuche gut abgetrocknet ist, dem Jako reichlich vorgesetzt; der gekochte Mais nur in abgekühltem Zustande. In den zweiten Futternapf giebt man täglich etwas trockene mehlige Sämereien, und zwar am besten ein Gemisch von Glanz-

*) Verlag der Expedition der Geflügelbörse (Rich. Freese), ohne Jahreszahl, Seite 37.
**) Hier befindet sich Kloß allerdings in einem Irrtum. In Westafrika wird nirgends, soviel mir bekannt ist, Pferdezahnmais gebaut. Ueberall habe ich nur großkörnigen gelben Mais gesehen und erhalten.

samen, Weißhirse, Reis in Hülsen, Hafer, dem man zuweilen auch etwas Hanf und Sonnenblumenkerne zusetzen kann, letztere beiden Sorten jedoch nur in geringem Maße. Außerdem erhält der Jako zuweilen, je nach der Jahreszeit, etwas reife Frucht, wie ein Scheibchen geschälte Birne oder Apfel, einige süße Kirschen u. s. w., ferner ein Stückchen Zwieback, altbackene Semmel oder Franzbrot, letzteres auch in schwarzen oder Milchkaffee getaucht, und als Getränk ungekochtes, aber verschlagenes Wasserleitungs- oder Brunnenwasser. Das Trinkwasser bietet man ihm im Winter täglich etwa zweimal, im Sommer öfterer, je nachdem er Durst hat, in einem besonderen Porzellannäpfchen an und nimmt dasselbe wieder fort, sobald er seinen Durst gestillt hat.*)

Alle nebensächlichen Futterbeigaben erhält er stets nur in geringen Gaben; man biete ihm lieber öfter einmal etwas davon an, als ihn mit dergleichen mit einem Male zu überfüttern. Maßhalten im Futter, und vor allem mit den Leckereien, ist beim einzugewöhnenden Jako mehr wie bei anderen Papageienarten am Platze. Andere Leckereien, wie Zirbelnüsse, ferner Hasel- und Walnüsse, süße Mandeln, Erdnüsse u. dergl. giebt man ebenfalls nur gelegentlich, niemals zu viel auf einmal und auch nicht eher, bevor man sich von der mutadelhaften Beschaffenheit derselben überzeugt hat. Fleischnahrung erachte ich außer in der Form von Kalbs- oder Hühnerknochen mit etwas gebratenem Fleisch daran als überflüssig; dasselbe wird auch meistens gar nicht angerührt. Nur schlecht genährten, schwächlichen Vögeln geben manche Liebhaber eine Wenigkeit gekochtes oder gebratenes Kalbfleisch, welches entweder fein gehackt oder in Streifchen gegeben wird. Für solche Fälle erachte ich die zeitweilige Verabreichung von ein wenig gekochtem Hühnerei oder Rührei als zuträglicher, welches in der Regel auch lieber genommen wird, als Fleisch, ebenso ein paar Theelöffel voll rohes flüssiges Ei mit etwas Kaffee oder abgekochter Milch vermischt.

Die gelegentliche Zugabe einer kleinen Prise Salz, welche manche Liebhaber zur besseren Verdauung als empfehlenswert halten, ersetze ich durch öftere Verabreichung eines kleinen Stückchens Sepia oder Tintenfischbeins (Ossa sepiae), selbstverständlich von reiner und mutadelhafter, nicht dumpfiger Beschaffenheit, welches stets gern angenommen und eifrig benagt wird. Zucker ist schädlich und erzeugt Magensäure, namentlich bei

---

*) Meine Papageien haben Trinkwasser den ganzen Tag über in reichlicher Menge zur Verfügung und das bekommt ihnen sehr gut. Es läßt sich ja auch kaum durchführen, das Wasser nur dann zu geben, wenn der Vogel Durst hat, denn dann müßte ja eine Person stets auf den Vogel ganz besonders aufpassen.

jungen Vögeln. Den letzteren ist auch Grünfutter schädlich, wenn es nicht sehr rein und sauber behandelt wird: man beschränke sich in dieser Beziehung lieber auf Fruchtnahrung als gelegentliche Zugabe.

Daß alle vorgenannten Futtermittel stets von vorzüglichster Beschaffenheit, sowie vollkommen staubfrei und ebenso nicht von dumpfigem Geruch und Geschmack sein müssen, will ich zur Verhütung von Verdauungsstörungen und Appetitlosigkeit, Abmagerung, Darmkatarrh und wie die Folgekrankheiten alle heißen, die sich durch verdorbenes Futter einstellen, nochmals ganz besonders hervorzuheben nicht unterlassen."

Auch Herr E. Perzina Wien schrieb mir am 10. März 1895, daß er keinen Hanf mehr füttere. „Bez. Graupapageien erlaube ich mir zu bemerken, daß, seit ich nur Glanz und Hirse reiche, von acht frisch importierten ein einziger eingegangen ist." Leider schreibt der Herr nicht dazu, von wem bez. auf welchem Wege diese Papageien importiert waren.

Es ist ja eigentlich auch selbstverständlich: je mehr man bei der Ernährung eines Tieres die von der Natur ihm gebotenen und in der Freiheit genommenen Nahrungsmittel nachahmt, je näher man den natürlichen Verhältnissen kommt, um so wohler wird sich das Tier in der Gefangenschaft fühlen, und um so mehr wird man Aussicht haben, es dauernd zu erhalten.

Dasselbe müssen wir auch bezüglich der übrigen Pflege des Graupapageies sagen. Je naturwidriger das Tier gehalten wird, Tag und Nacht in einem kleinen Käfig, in dem es sich kaum bewegen kann, geschweige die Flügel ausbreiten, den Fußboden bedeckt mit einem Gitterrost, auf dem es den Krampf in den Füßen erhält und der es außerdem hindert, im Sande zu paddeln, desto eher wird man seinen Verlust zu beklagen haben. Je mehr dem Tiere dagegen Gelegenheit gegeben wird, sich zu bewegen, desto kräftiger und gesunder wird es sich entwickeln.

Wir wollen zunächst einmal den Käfig betrachten. Welche Anforderungen sind an einen Vogelkäfig im allgemeinen zu stellen?

Liebe setzt bei einem Vogelkäfig folgendes voraus*): „1. Die Käfige müssen so groß sein, daß die Vögel zum Fliegen genötigt sind. 2. Sie müssen leicht und bequem gereinigt werden können. 3. Sie müssen möglichst leicht und lustig sein. 4. Ihre Konstruktion und ihr Material muß derartig sein, daß die Vögel sich darin durchaus nicht verletzen oder sonstwie zufällig schädigen können."

*) K. Th. Liebes ornithologische Schriften, Seite 578.

Und Hüsler*) verlangt von einem brauchbaren Käsig das solgende: „Der Käsig muß im täglichen Gebrauch bequem, d. h. ohne den Vogel zu belästigen und ohne ihm auch Gelegenheit zu geben, entwischen zu können, zu reinigen sein. Dann muß er auch im ganzen, ohne Schaden zu leiden, sicher desinsiziert werden können. Wenn man sieht, wie in dieser Be ziehung in mancher Vogelhandlung verfahren wird, wo in einen Käsig, in welchem eben ein Vogel an irgend einer, ost ja ansteckenden Krankheit zu Grunde ging, sosort ein anderer gesteckt wird, um natürlich bald dem= selben Schicksal zu verfallen, so ist das sehr zu beklagen; freilich muß man zugeben, daß es gar nicht möglich sein würde, die Käsige wirklich zu desinsizieren, wegen ihrer in dieser Beziehung unpraktischen Konstruktion. In einer mir bekannten Vogelhandlung zerstäubt der Inhaber von Zeit zu Zeit eine dünne Lösung von Karbolsäure, ein Versahren, welches nach unseren jetzigen Begriffen von Desinsektion vollständig wirkungslos ist.

Ein Käsig soll aber auch bequem zu transportieren und zu verpacken sein, natürlich ohne den Vogel, der selbstverständlich einem Transportkäsig anvertraut werden muß.

Weiterhin muß der Käsig leicht in allen seinen Teilen zugänglich sein, er soll, wenn ich so sagen darf, keine toten Ecken aufweisen.

Eine weitere Forderung, die ich aufstellen möchte, ist die, daß bei einer gegebenen Größe der Käsige der Innenraum ziemlich groß sei, in dem Sinne, daß nicht durch alle möglichen Vorrichtungen, die im Innern an= gebracht sind, große Nistkästen, Futtergesäße, die so leicht beschmutzt werden, der für den Vogel verfügbare Raum noch mehr unnötiger Weise ein geengt wird.

Ich glaube, daß der Wert des großen Innenraumes im allgemeinen unterschätzt wird: der Vogel muß mindestens soviel Raum haben, daß er, wenn nicht zu fliegen, kräftig und ungehindert wenigstens mit den Flügeln schlagen kann. Wie eisrig thun das die Vögel im weiten Raum, wie armselig und dürftig ist dagegen das Auf und Abhüpfen der Stubenvögel im gewöhnlichen Käsig. Das häusige Zugrundegehen unserer Vögel an Lungenschwindsucht hat nicht zum geringsten Teil darin mit seine Ursache. Durch kräftiges Flügelschlagen wird die Lunge mit dem Brustkasten er= weitert: Lungengymnastik treibt der Vogel, wenn er die Flügel gebrauchen kann. Für die überall gegebene Ansteckungsmöglichkeit mit Tuberkulose ist dies ein natürlicher Schutz, der dem Vogel nicht genommen werden sollte. Im Anschluß daran möchte ich, wie das ja auch allgemein schon anerkannt

---

*) Ornith. Monatsschrift d. D. V. z. Sch. d. V. 1893, S. 31.

ist, nochmals betonen, daß der Käfig mehr lang als hoch sein muß, daß
er unbedingt im allgemeinen die Form haben muß, wie sie uns auf dem
Titelbilde unserer Monatsschrift wohl nicht ohne Absicht immer wieder
vorgeführt wird.

Die aufgezählten Forderungen sind ja eigentlich alle selbstverständlich;
der eine oder andere Käfig erfüllt ja wohl auch einige dieser Forderungen,
der eine oder andere Liebhaber hat sich ja wohl auch selbst Käfige kon=
struiert, die allen Ansprüchen genügen. Jedenfalls sind sie aber nicht
allgemein bekannt geworden, sind nicht allgemein im Handel zu haben.
Man kommt immer wieder auf das alte Modell, Holzrahmen, Holzunter=
bau, im günstigsten Falle mit Zinkeinsatz und senkrecht stehendem Draht=
gitter zurück. Und was die Käfige für die Papageien anlangt, so ist wohl
keiner im Handel zu haben, der nicht das unglückselige Marterinstrument
des Gitterrostes über dem Boden aufwiese. Es soll das bequem sein (für
den Vogel natürlich nicht): der Käfig braucht dann nicht so häufig ge=
reinigt zu werden, da ja der Vogel nicht so leicht (aber immerhin noch
mehr als genügend) sich an den Füßen beschmutzen kann. Wer aber ein=
mal gesehen hat, mit welchem Wohlbehagen die großen Papageien im
bloßen Sande „herumlatschen", wenn ich so sagen darf, der wird wohl
dieses Gitter, das übrigens, wenn beschmutzt, sehr schlecht aussieht und
schwer zu reinigen ist, für immer verbannen. Doch dies nur nebenbei."

Hüfler stellte sich nun selbst einen Käfig her, der den oben an=
geführten Anforderungen entspricht, und beschreibt denselben folgendermaßen:

„Für mich boten zwei Gebirgsloris die Veranlassung, mir selbst
einen passenden Käfig zu konstruieren.

Der Käfig wurde zunächst ohne jede Verwendung von Holzteilen
hergestellt. Er besteht nur aus Bandeisen, Zinkblech und verzinktem Draht=
gewebe von einem Maschen-Durchmesser von etwa 2 cm. Die einzelnen
Wände und die Decke desselben sind durch Charnire so mit einander ver=
bunden, daß der ganze Käfig nebst dem Boden zusammengelegt so wenig
Platz beansprucht, daß er hinter einem Schranke untergebracht werden
kann; daß er aber trotzdem sofort wieder gebrauchsfähig zu machen ist.
Mein Käfig ist etwa 90 cm lang, 65 cm hoch, 50 cm tief;
Wände und Decke sind gebildet aus Rahmen von 2 cm breitem Band=
eisen, an dessen Innenseiten das Drahtgeflecht angelötet ist. An der Rück=
wand sind zwei Ringe von Bandeisen eingelötet, dazu bestimmt, die Ein=
gangslöcher für die außenliegenden Nistkästen zu umrahmen; an beiden
Seiten finden sich oblonge Oeffnungen, zur Aufnahme der Futter= und
Wassergefäße. An der Vorderwand, umgeben von seitlichen Bandeisenstützen,

die Thür. Alle vier Wände sind durch Charnire untereinander, und der Deckel ebenso mit der Rückwand verbunden. Es ist so möglich, die vier Seitenwände übereck zusammenzuschieben und die Decke nach rückwärts umzuklappen. Das Ganze ruht auf einem Rahmen von Bandeisen mit Zinkboden, jedoch ohne Vorderwand. Auf diesem Rahmen sind Gabeln von Bandeisen befestigt, in welche der Käfig hineingesetzt wird. In diesen unteren Rahmen hineinzuschieben ist der Zinkeinsatz, mit Vorderwand, die den Raum zwischen Boden und Käfigvorderwand abschließt. Die Futtervorrichtung besteht aus einem Gehäuse mit schrägem Dach und vorderer schmaler Wand, das in die seitlichen Oeffnungen hineinzuhängen ist. Die Rückwand ist mit Charniren versehen und heraufzuklappen. So ist es bequem möglich, in den Käfig, ohne den Vogel zu stören, die in das Behältnis eingepaßten Gefäße für Futter und Wasser einzubringen.

Die Gabeln zur Aufnahme des Käfigs und der Rahmen desselben selbst ist an den entsprechenden Stellen durchbohrt, so daß zur Befestigung Stifte hindurchgeschoben werden können. Der Käfig ist dann frei zu transportieren.

Beifolgende Abbildung wird alle diese Verhältnisse erläutern.

Dieser Käfig entspricht vollkommen den oben gestellten Bedingungen, vor allem ist er leicht zu reinigen und zu desinfizieren; am besten wohl mit heißer Lauge und nachfolgendem Abspülen mit Wasser. Er wurde, ebenso wie ein gleicher in etwa um die Hälfte kleineren Dimensionen, hergestellt von Herrn Schubert, Leipzig, Windmühlenweg 20. Derselbe würde auch in der Lage sein, auf Bestellung derartige Käfige zu liefern.

Das Drahtgeflecht wurde gewählt mit Rücksicht auf die Loris, die darin gehalten werden sollten. Es ermöglichte den Tieren, bequem an den Wänden und an der Decke hin- und herzuklettern, ohne, wie es sonst so oft geschieht, an den Drähten immer herabzugleiten. Senkrechtes Gitterwerk läßt sich natürlich ebenso gut verwenden, obwohl das verzinkte Drahtnetz gar nicht, wie ich erst selbst fürchtete, unelegant aussieht. Der Käfig bietet vielmehr mit dem weißen Drahtgitter und dem schwarz lackierten Rahmen einen sehr gefälligen Anblick."

Ich kann Hüfler nur beistimmen und den Käfig auch für den Graupapagei warm empfehlen. Die Mängel, welche den gewöhnlichen, im Handel käuflichen Papageienkäfigen anhaften, sind alle vermieden.

Ich selbst halte meine Papageien, wie ich schon oben mitteilte, über Tags nicht im Käfige. Als ich noch auf dem Lande wohnte und einen großen Garten zur Verfügung hatte, wurden die Tiere schon frühmorgens in demselben auf einen Baum gesetzt, den ganzen Tag über im Freien gelassen, auch bei strömendem Regen, und erst am Abend wieder hereingeholt, ohne daß einmal einer versucht hätte, zu entfliehen oder ohne daß einer jemals ein Zeichen von Unwohlsein zu erkennen gegeben hätte. Jetzt wohne ich mitten in der Stadt, habe keinen größeren Garten zur Verfügung und bin deshalb gezwungen, zu einer Aushilfe meine Zuflucht zu nehmen. Dieselbe besteht darin, daß ich auf ein 80 cm ins Geviert messendes Brett einen abgesägten Pflaumenbaum mit Aesten und Rinde anbringen ließ, der jetzt meinem „Hans" als Aufenthaltsort tagsüber dient. Er nagt die Rinde ab, holt sich sein Futter, wenn er hungrig ist, entweder von einem auf der Spitze des Baumes angebrachten Brettchen oder aus dem am Fuße des Baumes stehenden Käfig, geht aber, außer wenn er uns bei Tische sitzen sieht, nie von dem Baume und dessen mit Sand bestreutem Standbrett herunter. Setzen wir uns allerdings zu Tische, dann erscheint er sofort, um sich seinen Anteil zu holen, geht aber auf das Kommando hin: „Geh sofort auf Deinen Stengel" gehorsam wieder dahin zurück. Abends kommt er in einen viereckigen kleinen Papageienkäfig, wie sie im Handel allgemein käuflich sind — denn nachts hat er ja Bewegung nicht nötig — und wird früh morgens beizeiten wieder herausgelassen.

Wer sich nicht dazu entschließen kann, seinen Graupapagei frei im Zimmer zu halten, soll ihn wenigstens in einem größeren Käfig halten und auch dann noch täglich mehrmals herausnehmen, um ihn dadurch, daß er ihn auf die Hand nimmt und mit dieser schnell durch die Luft fährt, zu kräftigem Flügelschlagen zu veranlassen. Für ganz verwerflich halte ich das Halten von Graupapageien (und Papageien überhaupt) auf den bekannten Papageienständern, denn abgesehen davon, daß eine leichte Kette dem kräftigen Schnabel des Tieres gegenüber keine genügende Sicherheit bietet, eine starke für das Tier eine Qual ist, ist es doch immerhin möglich trotz der Gewandheit der Vögel im Klettern, daß einer der unglücklichen Angeketteten bei einem plötzlichen Schreck herab fällt und dann unter Umständen stundenlang an einem Bein in der Schwebe hängt. Unzweckmäßig sind auch runde Käfige, in denen sich der Vogel kaum jemals wohl fühlen wird.

Was das Material anlangt, das zu den Käfigen benutzt werden sollte, so dürfte verzinnter Eisendraht am meisten zu empfehlen sein. Ganz unzweckmäßig ist lackierter Draht und vollkommen zu verwerfen Messing- oder Kupferdraht wegen der leichten Grünspanbildung. Unterlatz und Schiebkasten sind am besten aus Weißblech herzustellen.

Es wird sich empfehlen, dem Vogel öfter Gelegenheit zum Baden zu geben oder ihn mit einer feinen Blumenspritze zu bespritzen. Haben die Papageien keine Gelegenheit zum Baden, so versuchen sie häufig, sich im Trinkwassernapf zu baden, was natürlich kaum gelingen dürfte.

In den meisten Büchern und Schriften über den Graupapagei wird man Wendungen finden wie: „Der Graupapagei ist sehr empfindlich gegen Zugluft" oder „Der Graupapagei muß vor Erkältung sorgsam gehütet werden". Ich habe die Berechtigung dieser Aussprüche nie anerkennen können. Im Gegenteil halte ich den Graupapagei, wie ich schon oben begründete, für einen sehr harten Vogel. Ich möchte daher den oben angeführten drei Sätzen noch die folgenden hinzufügen:

5) Sehr günstig wirkt es auf die Vögel ein, wenn man ihnen Gelegenheit geben kann, sich im Freien zu bewegen. Man muß es nur mit angesehen haben, mit welcher Freude und Lust sie im Gras herumsteigen und die frischen Spitzen abreißen, oder auf den Ästen eines Baumes herumklettern, um die Rinde abzuschälen und Stückchen davon zu genießen. Ist dies unmöglich, so gebe man ihnen wenigstens einen großen Käfig und nehme sie ab und zu aus dem demselben heraus, um sie zum Fliegen, oder zum Flügelschlagen und damit zur Lungengymnastik zu veranlassen.

6) Auch die Händler könnten viel thun, kränklich angekommene Vögel zu erhalten. Ihre Hauptaufgabe möge jedoch die sein, gesunde Vögel nicht zu Grunde zu richten. Dazu gehört vor allem geeignete Fütterung,

genügend großer Käfig und Reinlichkeit. Wie wenig noch im allgemeinen diesen Faktoren entsprochen wird, geht hervor aus einer Bemerkung Brehms: „. . . und von denen, welche glücklich in Europa angelangt sind, gehen auch noch viele in den dunkelen, schmutzigen, verpesteten Buden der Händler zu Grunde." Wenn auch für viele, besonders bekanntere, Handlungen gegenwärtig diese Charakteristik nicht mehr zutreffend ist, so kann ich sie doch andererseits aus eigener Erfahrung für viele Fälle bestätigen und nur wünschen, daß möglichst bald ein vollständiger Wandel eintritt.

7. Der Graupapagei ist bei weitem nicht so zart und empfindlich gegen die Zugluft, Temperaturwechsel, niedere Temperatur u. s. w. wie gewöhnlich angenommen wird. Er ist im Gegenteil, wie Reichenow sagt, ein „harter Vogel", der unser Klima bei entsprechender Fütterung sehr gut verträgt.

Soll ich mich nun darüber auslassen, auf welche Weise der Graupapagei gezähmt und zum Sprechen abgerichtet wird? Ich glaube, demjenigen, der mit Tieren nicht umzugehen weiß, wird auch eine schriftliche Anweisung keinen Nutzen bringen, während sie für den, der für das Seelenleben der Tiere Verständnis hat, überflüssig sein wird. Ein Geheimnis ist ja nicht dabei. Wie jedes Tier — und jedes Kind — bedarf auch der Graupapagei einer ruhigen, gleichmäßigen, individuellen Behandlung. Wenn man an dem Tiere seine Launen ausläßt, wenn man es neckt, wird man stets einen Mißerfolg in der Erziehung haben und sich einen bissigen, ja falschen Hausgenossen anziehen. Dabei ist aber durchaus nicht gesagt, daß der Papagei nicht für etwaige Ungezogenheiten bestraft werden dürfte. Nur muß man dabei streng individualisieren und nicht strafen, ohne daß man dazu auch wirklich Ursache hat. Bei dem einen Individuum werden Schläge am Platze sein, beim anderen wird Einsperren in das Bauer und Verdunkelung desselben genügen. Vor allem aber muß man sich häufig mit dem Vogel abgeben, damit er nicht auf Dummheiten verfällt, die mitunter recht störend wirken können.

Ein wirklich talentvoller Vogel wird Worte und Töne lernen, ohne daß ihm dieselben eigens vorgesprochen werden, bisweilen sogar gegen den Wunsch und Willen seines Besitzers. Will man einem Vogel bestimmte Worte oder Melodieen beibringen, so muß man ihn besonders vornehmen und ihm das Wort oder die Melodie — letztere stets ganz, nicht stückweise — so oft an mehreren Tagen hintereinander wiederholen, bis er sie schließlich nachspricht.

Die Begabung der einzelnen Vögel ist eine sehr verschiedene. Der eine hat mehr Talent zum Sprechen, der andere zum Pfeifen, der dritte zum Singen, ein vierter lernt gar nichts und wieder ein anderer leistet in allem bedeutendes.

Ein wirklich gut gezogener Vogel wird seinem Besitzer zahlreiche genußreiche Stunden bereiten, denn kaum ein anderes Tier zeigt in seinem Handeln solche Ueberlegung und geistige Fähigkeiten, wie unser Graupapagei.

Einen Vorgang, der dieses beweist, konnte ich im Januar 1892 in Cadiz beobachten. Wir hatten an Bord unseres von Afrika kommenden Dampfers eine ziemlich große Anzahl Graupapageien, die zum Teil auf dem Mitteldeck in aus Kisten hergestellten Käfigen standen. Aus Versehen war eines Tages die Thür des einen Käfigs offen geblieben und die Papageien herausspaziert. Scheu gemacht durch die Versuche, sie wieder einzufangen, fielen fünf Stück über Bord in die sehr bewegte See*). Natürlich wurden sofort Versuche gemacht, die Tiere wieder zu gewinnen, doch alle waren vergebens, bis es schließlich einem findigen Kopf, vielleicht mehr aus Ironie, einfiel zu rufen: „Werft ihnen doch ein Tauende zu." Der Versuch wurde gemacht, und wirklich, das eine Tier faßte, als ihm das Tau nach einigen mißglückten Versuchen in die Nähe kam, dieses mit Schnabel und Füßen und ließ sich an Bord ziehen. Nun wurde dasselbe natürlich auch bei den anderen versucht, und nach einiger Zeit saßen alle fünf tüchtig durchnäßt und frierend im Maschinenraum, um zu trocknen. Das nasse, kalte Bad hat keinem der Verunglückten geschadet, ein weiterer Beleg für die Richtigkeit des von mir oben aufgestellten Satzes 6.

Ich schließe hieran zunächst einige mir zu Gebote stehende Schilde-rungen von Graupapageien, da diese am besten geeignet sind, einen Ein-blick in die verschiedenartige Begabung der einzelnen Vögel zu gewähren.

Herr Luboldt in Cuba bei Gera berichtet über seinen Graupapagei folgendes:

„Anbei erhältst Du die gewünschte Auskunft über unseren Billy. Er ist ganz zahm, meine Frau kann alles mit ihm machen. Er frißt uns beiden aus der Hand, läßt sich vornehmlich gern an Hals und Kopf krauen. Gegen mich ist er jedoch immer mißtrauisch und beißt auch manchmal, weil er von mir öfters angeraucht und ausgescholten wird, wenn er kreischt. Sobald die Thür seines Bauers geöffnet wird, geht er heraus und hinein, bleibt aber dabei stets auf dem Tische, auf dem das Bauer steht. Fliegen kann er kaum, und ist die Bewegung eher ein Hüpfen zu nennen. Kommt er durch Zufall einmal auf den Erd-boden, so ist er sehr ängstlich. Nur meine Frau kann ihn leicht auf ihre Schulter nehmen, und ist er dort sehr zutraulich, spricht und frißt aus der Hand. Er ist höchst drollig, wenn er artig ist. Er hat sich nämlich neuerdings einen Ton eingelernt, so hoch und schrill, daß wir nur ver-muten können, daß er denselben dem Schreien einer ungeölten Thüre abgehört hat. Diesen Ton stößt er mit solcher Vehemenz aus, daß es

*) Cadiz hat einen offenen Hafen, in dem eine sehr schlechte See stehen kann.

einem durch und durch geht. Keine Strafe, kein barsches Wort hilft, ihm das abzugewöhnen. Er pfeift und spricht und unterscheidet dabei ganz genau die einzelnen Stimmen der Personen, von denen er die Wörter gelernt hat. Er spricht englisch und deutsch. Seine Hauptstücke sind: „Eins, zwei, drei, hurrah Bismarck", „Guten Morgen", „Rosa", „Marie", „Arno", „Come along", „O what a pretty boy", „Spitzbub", „alter Lump", „pfui, schäm' dich", „Halloh, my boy". Natürlich macht er unter diesen Wörtern die denkbar verschiedensten Variationen. Aber eigentümlich ist doch, daß er seine Wut oder sein Mißbehagen nur durch Schimpfworte zum Ausdruck bringt, woraus ich entnehme, daß er ganz genaue Unterschiede in dem Tonfalle der menschlichen Stimme macht.

Nachts wird stets ein Barchent-Vorhang um das Bauer geschlagen. Die Temperatur des Zimmers, in dem er steht, ist gegenwärtig ungefähr + 12° Reaumur. In den Garten ist er noch nicht gekommen. Wir baden resp. spritzen ihn mit lauem Wasser, auch jetzt noch im Winter."

Ferner schrieb mir Herr Paul Schellig in Gera folgendes:

„Meine Lora ist gesund und macht mir viel Spaß, wenn auch etwas Arbeit. Bis 14. September 1892 hat sie im Wohnzimmer ge standen, seitdem steht sie erhöht auf einem Heizofen in Brusthöhe in meiner Glasveranda in Nähe von Blumen, bekommt etwas Sonne, hat viel Licht und sehr geschützten Platz. Der Vogel bekommt im Sommer alle zwei Tage, im Winter alle acht Tage ein Bad, indem ich ihn mit einer Blumenspritze voll lauwarmen Wassers vollständig naß mache, was ihm stets viel Freude macht. Da ich Veranda mit Heizung habe und er ganz geschützt auf dieser Heizung steht, kann ich ihm ungefährdet auch im Winter dies Vergnügen machen. Er ist sehr lebendig tagsüber, ruht aber auch bisweilen aus, schreit verhältnismäßig wenig, schwatzt und pfeift viel. Gegen mich ist er sehr zahm; ich streichele ihn, kraue ihn am Kopf, Brust u. s. w. Stets ist er zu Neckereien aufgelegt, ohne nur einmal zu beißen; komme ich früh zu ihm, begrüßt er mich mit: „Guten Morgen" unter Trippeln auf seiner Stange, kommt sofort herunter, damit ich mit ihm spiele. Wenn ich gehe, sage ich stets „adieu". Er antwortet immer prompt: „adieu" mit gehobenen Flügeln und unter Hin- und Herrennen. Er folgt sofort, wenn ich ihn auszanke und spricht: „Was ist das für Spektakel? Wie? Warte du Schlingel, du, du!", im Tonfall ebenso ärgerlich, wie ich es sage, und ebenso schnell, aber auch deutlich. Er ver mengt manchmal auch die Worte zu: „Du du Spektakel" oder „Warte, du Spektakel". Wenn ich anklopfe, sagt er in ganz verschiedenen Ton fällen: „herein", ferner „Guten Tag", „Guten Morgen", „Wo bist du?"

„Wo ist denn Lorchen?“ „Na, komm, Lorchen“, „Ei, ei!“ „Aber Lora“, „komm, gieb mir einen Kuß“, „adieu, adieu, Lora“, „Mamy“, „Wißhem“, „Bravo“. Fällt er vielleicht einmal herunter, so sagt er: „Aber Lora! Ei, ei“. Wenn ihm meine Frau Futter gegeben hat, kommt stets ein befriedigtes „So“. Natürlich ist er auch Imitator von allerlei Tönen; so versucht er oft einen langgezogenen, hohen Ton eines Kanarienvogels nachzuahmen, der mit auf der Veranda steht. Ist der Kanarienvogel zu laut, dann kreischt Lora laut auf, der Kanarienvogel ist still und Lora zankt sich aus. Meine Frau hackt er leider. Warum? Sie giebt ihm Futter, Sausen und ist noch viel mehr um ihn, als ich. Wenn ich ihn streichele und meine Frau kommt unbemerkt hinzu und streichelt auch, — sofort merkt er es und hackt nach ihr. Gelungen ist es, daß er, wenn er nicht besonderen Hunger hat, stets ein Stückchen Biskuit aus dem Futternapf nimmt und in den Wassernapf wirft, ein paar Mal untertaucht und erst dann verzehrt. Sein Gefieder ist noch nicht komplett. Er hat ja viele Federn bei der Mauser verloren, aber hat noch sehr viel ge= schnittene. Ins Zimmer lasse ich Lora nicht gern. Er fliegt schwer, da ihm noch viele Schwungfedern fehlen.“

Eine großartige Veranlagung zeigt ferner der Graupapagei, welchen Frau Baurat Luise M. in Leipzig besitzt und in der Monatsschrift des Deutschen Vereins zum Schutze der Vogelwelt 1883, S. 108, beschreibt.

„Wenn ich,“ so schreibt jene Dame, „von der Gelehrigkeit und Klugheit der Papageien las oder erzählen hörte, wurde stets der Wunsch in mir rege, einen solchen Vogel zu besitzen; doch leugne ich nicht, daß ich einigen Zweifel hatte, ob es auch wirklich solche talentvolle Tiere gäbe. Von diesem Zweifel bin ich jetzt gänzlich kuriert, denn ich besitze einen Graupapagei, welcher wohl den klügsten seines Geschlechts zur Seite gestellt werden kann.

Vor drei Jahren kaufte ich bei Frau Emma Geupel=White einen Jako. Derselbe war nicht schön im Gefieder, die Flügel waren ver= schnitten, der Schwanz keineswegs tadellos, doch sein kluges aufmerksames Auge bestach mich. Der Vogel sprach noch kein Wort. Derselbe war kräftig und lebhaft, alles, was um ihn vorging, beobachtete er genau, horchte aufmerksam, wenn zu ihm gesprochen wurde. Die ersten drei Wochen ließ er nichts von sich hören. In der Familie herrschte damals Husten und Schnupfen. Die erste Probe seines Talents war, daß er mich eines Tages mit einem kräftigen „hetzi, hetzi“ und mit einer nicht minder täuschenden Nachahmung des Hustens überraschte. Bald ahmte er das

Hundegebell nach. Auch seinen Namen „Lora, gute Lora", lernte er sehr rasch nachsprechen.

Der Vogel war anfangs mißtrauisch, biß nach der Hand. Den Verweis „au, au, warte du!" setzte er in kurzem selbst hinzu, wenn er sich vergaß und biß.

Als er einen größeren Käfig bekam mit Schaukel, war er außer sich, rannte wie verzweifelt in demselben umher und rief in den ängstlichsten Tönen „komm, komm!" gleichsam als wenn er meine Hilfe anrufen wollte. Ich öffnete den Käfig, schleunigst kehrte er in seinen kleineren Bauer zurück. Dicht daneben platzierte ich sein neues Haus und den zweiten Tag marschierte meine Lora von selbst hinüber. Zaghaft näherte er sich der Schaukel, griff behutsam danach, wenn sich dieselbe aber in Bewegung setzte, rief er: „bscht, na warte du!" Mein Vogel lernt überraschend schnell und hat wirkliche Freude an dem Gelernten. Im ersten Jahre war freilich sein Repertoir noch nicht so groß, als es jetzt ist, doch wendete er schon da Gelerntes sehr richtig an. Ging ich nach der Thür, welche zum Garten führt, so pfiff und rief er stets den Hund, wohl wissend, daß derselbe dort hinaus gelassen wurde. — Anfangs habe ich ihm einzelne Worte, dann Sätze vorgesprochen, er war stets ein aufmerksamer Zuhörer und versuchte bald nachzusprechen, wobei ich vorsichtig einhalf.

Der Vogel spricht so deutlich und mit Ausdruck wie ein Mensch, wird nie langweilig, denn er setzt sich Sätze zusammen aus dem Gelernten. Klopft man an die Thür, so ruft er „Herein! guten Tag, alter Freund, was machst du?" oder auch „guten Tag, mein gutes Lorchen, gute, liebe Lorika" oder „Bismarck, alter Freund, was machst du?" — Sobald er hört, daß im Nebenzimmer der Tisch gedeckt wird, ruft er: „Willst du Brot? hast du Brot, Zucker, Zwieback?" wahrscheinlich, weil er mittags stets etwas Schwarzbrot, beim Kaffee aber ein wenig Zucker erhält. Sitze ich am Nähtisch, so unterhalten wir uns wie ein paar Freunde. Ich spreche ihm die Sätze nach und infolgedessen ist seine Aussprache wohl so deutlich und sicher geworden. Vor kurzem habe ich mir das Vergnügen gemacht, aufzuschreiben, was meine Lora hintereinander gesprochen. Um einen Beweis seines Talentes zu geben, lasse ich es nachstehend folgen:

„Herein, guten Tag, was machst du? Adieu, leb wohl (dann Husten). Nun, mein Mätzchen, nun, mein Hänschen! Mein gutes Lorchen, was machst denn? höre!

Das ist kalt, huhuhu! Lora Zucker, Zwieback: Miau, wo ist die Katz? — Mein liebes Lorchen, was denn nur?

Herein, guten Tag, alter Freund, was machst denn, nun, was machst denn, guter Freund? (dann Gesang und Lachen). Eins, zwei, drei, hurrah! Meine Lora, guten Tag, Lora, was machst du? nu guck einmal! Zucker! willst du Brot? (dann Bellen und Hunderufen): Schnippe, na, komm her, komm! wo ist der Pudel? Mein Lorchen hast du Brot? 's ist gut, ja gut. — Was machst du? Zwieback, mein liebes Lorchen, Zwieback. — Nu, was denn, was denn nur! (dann versuchte er wie der Gimpel zu singen und redet demselben zu, sein Liedchen zu pfeifen): na, mache, na ja, mache, mein Mätzchen. — Lora warte, warte, warte. Mir en Kuß (dann küßt er zärtlich), guter Papagei. — Partauz, du dummer Kerl, warte du. Was sagst du? Hetzi, hetzu! (hierauf folgt obligates Katzenkonzert). Was ist das? nun guck einmal, mein gutes Lorchen, bist du gut? Ja, alter Freund, hast du Brot? komm! Adjeu Lora, adjeu, leb wohl, gute Frau. Guten Morgen, bist denn da, Mätzchen." — Flattern andere Vögel in ihrem Käfig, so ruft er: „bscht, was ist das, hörst du gleich, Ruhe, Ruhe." — Dies alles sprach er in der Zeit von einer halben Stunde.

Am schnellsten lernt der Vogel, wenn ich ihm vorspreche. Die tiefere Stimme meines Mannes fällt ihm schwerer wiederzugeben, doch nach einigem Bemühen gelingt auch die Baßstimme; bald aber spricht er das so Erlernte in feinerer, höherer Tonlage. Die meisten der angeführten Reden hat er beizu aufgefaßt. Wirklich bemüht habe ich mich nur in der ersten Zeit, wo ich ihm fleißig die zu erlernenden Worte vorgesprochen."

Sodann noch eine Schilderung, welche Herr M. Allihn in derselben Monatsschrift 1884, S. 217, giebt und deren Schlußworte besonders mir aus dem Herzen geschrieben sind. Herr Allihn schreibt:

„Wenn ich jetzt von Koko etliches erzähle, habe ich nicht die Absicht, Wundermähren zu melden, sondern ein möglichst wahres Bild von den oft überschätzten Fähigkeiten des Jako zu geben. Diese Fähigkeiten sind bei verschiedenen Exemplaren nach natürlicher Anlage und Alter verschieden. Mehr Bedeutung liegt jedoch in richtiger oder falscher Behandlung. Viele, welche über Untugenden ihres Jako klagen, haben sich den Mißerfolg selbst zuzuschreiben. Es kommt auf eine gleichmäßige, methodische Behandlung sehr viel an; mit Gewalt ist nichts zu erzwingen, auch nicht durch Hungerkuren, die bei anderen Vögeln nicht selten gut anschlagen, beim Jako aber mehr schaden als nützen. Mein Koko hat in dem Jahre, seit ich ihn besitze, etwa fünfundzwanzig Phrasen gelernt. Das scheint zwar wenig, indessen würde es ein Fehler sein, schneller vorwärts zu schreiten. Das Neugelernte muß fleißig repetiert, im Vorrate des Alten eingegliedert, völlig freier Besitz geworden sein, ehe man neues vorbringen darf. Das Verfahren ist genau dasselbe, wie dasjenige eines erfahrenen Elementar-Schulmeisters. Auch die Wahl der Phrase ist wichtig. Sie muß dem Sinne nach vielfache Anwendungen zulassen und leicht mit anderen zu kombinieren sein, sie muß kurz sein und einen charakteristischen Klang haben. Auf Zureden meines Freundes habe ich meinem Koko auch eine längere Phrase beigebracht, die ich sonst nicht gewählt haben würde; es hat ein volles Vierteljahr gedauert, bis er sie ganz frei und korrekt sprechen lernte. Jetzt ruft er mit dem Ausdruck tiefer Zerknirschung:

O jerum, jerum, jerum,
O quae mutatio rerum!

Es ist ein altes Studentenlied und heißt zu deutsch:

O Jerum, Jerum, Jerum,
Die Sache wendt sich sehr um!

Aber weiß der gute Koko auch, was er sagt? Es klingt ganz genau so. Kommt früh morgens das Dienstmädchen ins Zimmer, so spricht er in ihrer Tonart, indem er ihre thüringische Aussprache in ergötzlicher Weise persifliert: „Gomm, mein guder Gugu!" Worauf sich das Mädchen ärgert, denn sie glaubt wirklich, der Papagei verspotte sie, worauf sie mit dem Handwedel droht, worauf der Koko in ein unbändiges Gelächter aus-bricht. Neulich kam ein Musikant zu mir und hielt mir eine lange Rede von der Pflege der Kunst, und wie das Volkswohl es erheische, daß für Musik mehr geschehen und daß ihm, dem wohlverdienten Stadtmusikus, eine Zulage von 300 Mark gewährt werden müsse. Mein Koko, der ganz still hinter der Thür auf seiner Stange gesessen hatte, ergreift nun das Wort und sagt mit großer Bestimmtheit: „Alter Schafkopp." Mein Stadtmusikus erschrickt und spricht: „Ist da drin jemand?" Worauf ihm sein Titel mit noch größerer Bestimmtheit abermals verabreicht wird. „O, du Spitzbube!" ruft mein Musikus lachend, aber ist doch der Meinung, daß solch ein Tier Verstand haben müsse.

Wenige Tage darauf trat ein schüchterner junger Mann zu einer Stunde ein, von der er wissen mußte, daß er mich störte, um ein Gesuch vorzutragen. Das that er denn auch in einer so ausführlichen Weise, daß mein guter Koko die Geduld verlor und verfügte: „Allons nach Haus — na, wirds bald?" Die Sache war so frappant, daß ich Mühe hatte, ernst zu bleiben. Glücklicherweise war der junge Mann so befangen, daß er das freundliche Kompliment nicht verstand. Eines Abends, als Koko die Unterhaltung, wie er das liebt, an sich gerissen und die an-wesende Gesellschaft weidlich unterhalten hatte, kriegte ich selbst den alten

Schafkopp zu hören. Er trieb sich nämlich außerhalb des Käfigs herum und wurde mit dem Kommando „Allons nach Haus" mit Gewaltmaß= regeln, nämlich einem Fuchsschwanze, den er für eine Art Raubtier hält, nach Haus spediert. Er wollte nicht, setzte sich zur Wehr und schimpfte, wie ein Rohrspatz. Half ihm aber nichts, denn wir halten große Stücke auf gute Erziehung und auf Wahrung der Autorität. Als er in der Thür seines Käfigs angelangt war, drehte er sich um, sträubte die Federn und sagte höchst ärgerlich: „Bist e alter Schafkopp." — Eine Dame bat meinen guten Koko mit süßestem Lächeln: „Sprich doch, mein lieber Koko. Hörst du nicht? Sprich doch, sprich doch, bitte, bitte." Koko sitzt da, wie ein verdrossener Philosoph und sagt: „I je, papperlapapp!" worauf er sich weiter ausschweigt.

Papageien sprechen nicht bloß Worte, sie imitieren alles, was sie wiederholt hören, selbst Töne, wie metallenes Knirschen und Klingen, deren Nachahmung man für unmöglich halten sollte. Mein Koko hat ab und zu einen ganz gefährlichen Katarrh, den er mir vor etlichen Wochen abgehört hat. Das ist nun zwar nicht schön, läßt sich jedoch ertragen; nun aber hat er sich auch in den Kopf gesetzt, das Wagenrasseln auf der Straße zu imitieren; das ist nicht mehr schön und wird prinzipiell nicht geduldet. Jedesmal, wenn er den Bierwagen anrollen läßt, bekommt er mit dem lose zusammengelegten Taschentuche seine schönsten Prügel, und wenn ich „warte, warte" rufe, so weiß er schon, was die Glocke geschlagen hat, springt auf seinem Bauer herum und schreit: „Bist du ruhig!" Neulich hatte er wieder einmal seine Tracht Schläge erhalten, war sehr zerknirscht, rasselte aber, sich vergessend, doch wieder. Ich erhob mich mit dem Zeichen großer Entrüstung und langte das Taschentuch vor, worauf Koko bettelnd wie ein Hund das große Wort gelassen aussprach; „Sie werden entschuldigen." Als er ein andermal keine Lust zum Parieren hatte und mich in den Finger zwickte, sagte er ganz ärgerlich: „Warte! Warte!" und zu einer Dame, die mit einem Küßchen kommen wollte: „Nicht beißen." So passiert alle Tage etwas, wovon man ganz frappiert ist und wobei man sich fragt, hat ein solches Tier nicht wirklich Verstand? Es muß doch wissen, was es sagt, sonst könnten doch solche Antworten nicht zu stande kommen.

Zunächst ist zu berücksichtigen, daß ein Papagei stundenlang schwatzt, ohne daß man seiner achtet, daß er zahlreiche unsinnige Kombinationen macht, ehe einmal etwas Schnurriges oder Ueberraschendes zu tage kommt. Hierbei gruppieren sich seine Phrasen so, wie er sie gruppenweise gelernt hat, oder so, wie der Klang von einem Worte zum andern führt. Er sagt: „O - Jerum o tatz jo jerum. Das sind die signifikanten Punkte, die auch beim Lernen zuerst auftauchten. Der Reim wird ihm ganz besonders schwer, es geht ihm so, wie es uns gehen würde, wenn wir mechanisch, ohne den Sinn zu verstehen, Reime in fremden Sprachen lernen wollten. Was uns den Gleichklang des Reimes auseinander hält, ist doch die Verschiedenheit des Sinnes; aber dies Unterscheidungsmittel geht dem Papagei ab. — Er sagt: „Mein alter Koko", „mein guter Schafkopp", aber ebenso harmlos: „Mein guter Schafkoko". „Eins zwei drei — Laura —" statt hurrah, „ich will was ha stopp", wobei sicht lich der Gleichklang des Vokales in „haben" und „Schafkopp" die Brücke abgegeben hat. Er wechselt mit Betonung und Ausdruck ganz nach Be lieben und zwar nicht bloß nachahmender Weise, er kombiniert auch Neues. Er sagt „Allons nach Haus" fünfmal hintereinander, jedesmal mit einer anderen Betonung, er sagt sogar, was er nie gehört hat, in den süßesten Schmeicheltönen: „Mein guter Koko? Bist e alter Schafkopp". Gerade durch die Freiheit in der Betonung erhält seine Sprache etwas so frappant Menschenähnliches.

Dies alles läuft auf eine äußerlich überraschende, jedoch innerlich sinnlose Kombination hinaus. Aber der Papagei verbindet mit seinem Worte auch eine Art Sinn, zwar nicht den Sinn, den das Wort hat, sondern die Bedeutung von Ort, Zeit oder Umständen, unter denen das Wort gesprochen und gelernt wurde. Bei Tisch steigt mein guter Koko vom Bauer herab, schreitet, eine große Zehe über die andere setzend, gravitätisch durchs Zimmer, stellt sich zu meiner Rechten auf und spricht: „Ich will was haben." Wenn ihm dann sein Stückchen Brot abgeschnitten wird, sagt er: „Na komm! Na da komm!" Diese Worte braucht er nur, wenn es sich um Nahrungsfragen handelt, höchstens auch, wenn er die Bauerthür geöffnet haben will. Sie sind ihm ein Ausdruck des Wunsches, den ja die meisten Tiere, sei es durch Schlagen der Flügel oder Wedeln des Schwanzes oder Gestus oder Ruf ausdrücken. Mehr drückt der Papagei auch nicht aus, wenn er menschliche Worte braucht. Merkwürdig ist, daß mein Koko, wenn er sich anschickt, auf den Fußboden herab zusteigen, sagt: „Allons nach Haus!" Dies Wort hat er am meisten gehört, wenn er nicht zu Haus war, sondern in der Stube herumspazierte, so ist ihm die Reise durch die Stube oder der Aufenthalt auf dem Fuß boden ein Allons nach Haus geworden. Wenn er sich also entschließt, seine Reise zu machen, sagt er sein Allons nach Haus, von dem er keine Ahnung hat, daß es das Gegenteil bedeutet. — Wenn es klopft, so sagt er in energischem Tone „herrein!", wenn die Person eingetreten ist, be grüßt er sie mit „Morgen". Er sagt nur dann, wenn es geklopft hat, herein, wenn er also Lust hat, sein Herrein zu rufen, klopft er zuvor mit dem Schnabel auf den Blechboden seines Käfigs. Er hat das Wort Herrein nur im Zusammenhang mit dem Klopfen gehört und gelernt, darum gehört ihm letzteres zur Sache, wie der Punkt über das i. Hieraus ist auch ersichtlich, wie Sprechpapageien angelernt werden müssen. Soll er morgens „Guten Morgen" sprechen, so muß man es nur morgens lehren, soll er „bitte, bitte" oder „Dankeschön" sagen, wenn man ihm etwas anbietet, so darf er die Worte nur in den betreffenden Momenten hören.

Bei allen diesen Aeußerungen handelt es sich um eine psychologische Thätigkeit, welche nicht über das Vermögen anderer kluger Tiere hinausgeht, die nur durch den ausgezeichneten Sprechapparat etwas scheinbar Uebernatürliches erhalten.

Endlich möge noch der musikalischen Fähigkeiten des Graupapagei gedacht werden. Derselbe lernt nicht allein pfeifen, sondern auch singen. Mein Koko pfeift: „Ach du lieber Augustin", sowie ein Tyroler Schnaderhüpfl und komponiert aus beiden selbständige moderne Salonmusik. Man nimmt an, daß ein pfeifender Vogel an eine bestimmte Tonhöhe gebunden sei, was beim Dompfaffen und Staar auch zutrifft; mein guter Koko ist musikalisch viel durchgebildeter. Er pfeift am liebsten aus Bdur. Setze ich mich ans Klavier und spiele Bdur, so pfeift er in gleicher Tonhöhe seinen Augustin oder was er sonst kann dazu. Gehe ich unvermittelt nach A oder As oder G, so setzt er ganz richtig in die Tonart ein. Das klingt sehr wunderbar, ist es aber im Grunde doch nicht so sehr, als daß er die Klangfarbe und Tonhöhe der menschlichen Sprache so täuschend nachzuahmen vermag.

Ich fürchte nun nicht, daß die strikte Wahrhaftigkeit meiner Angaben angezweifelt wird, aber erwarte doch den Einwand: „Ja, das muß ein ganz besonders guter Papagei sein; meine Erfahrungen sind viel weniger günstig. Mein Papagei kreischt — oder spricht undeutlich oder wirft alles durcheinander, zerfrißt Teppich und Vorhänge, ist bissig u. s. w. Was den ersten Punkt anbetrifft, so wurde mir von einer Dame die Vermutung ausgesprochen, daß mein Koko, welcher gar nicht kreische, wohl von einer anderen Papageienart abstamme, als der ihre, welcher ganz entsetzlich kreische. Bei näherer Erkundigung kam zu tage, daß die Dame, um nur Ruhe zu haben, dem kreischenden Schlingel Leckerbissen zustecke.

„Aber meine gnädige Frau," rief ich aus, „das ist doch die reine Prämie auf Unarten, die Sie ausstellen. Das ist ja ein pädagogischer

Fehler, der schwerer wiegt, als wenn Sie Ihr Lieschen mit Zuckerbrot beruhigen, wenn es unartig ist."

„Warum schlimmer?"

„Weil ein Papageiencharakter schneller verdorben werden kann, als ein Kindescharakter."

„Aber was thun?"

Nehmen Sie die Blumenspritze und spritzen Sie Ihrem Jako ein paar Tropfen Wasser ins Gesicht, nota bene so lange es noch warm ist, dann wird er es schon lassen."

Solche Erziehungsfehler werden in Menge gemacht, weil man bei einem Tiere nicht für nötig hält, die etwaigen Folgen von Mißgriffen zu bedenken.

Wenn ein Papagei unordentlich oder undeutlich spricht, so liegt es meist daran, daß er unmöglich mehr lernen kann, als ihm gelehrt wird.

Entweder wird ihm undeutlich vorgesprochen oder man läßt ihm keine Ruhe und verwirrt ihn mit allerlei Dingen, die auf ihn eingesprochen werden. Vor allen muß man ihn vor den Domestiken hüten, welche ihre Freude daran haben, dem Papchen Worte ihres Geschmackes beizubringen. Ein einziges solches Wort, welches der Jako ebensogern lernt, als jedes andere, kann ihn salonunfähig machen.

Hat man nicht das Unglück, einen Vogel von schlechten Anlagen, denn auch diese giebt es, zu kaufen, wird er verständig und konsequent erzogen, so fallen alle Unarten von selbst weg und man hat an ihm einen liebenswürdigen, unterhaltenden Hausfreund."

Die beiden Papageien, die ich gegenwärtig in meinem Besitze habe, Hans, der zweimal dasselbe Bein gebrochen, und Jako, sind beide sehr gelehrig, sprechen, pfeifen, geben Kuß und sind außerordentlich zahm, besonders Hans. Dabei haben sie aber einen vollständig verschiedenen Charakter. Hans ist zutraulich, läßt sich von jedermann angreifen, dabei aber ungezogen, genau wie ein verwöhntes Kind. Frißt der andere etwas, so läßt er sicher das fallen, was er im Schnabel hat, um Jako seinen Leckerbissen abzunehmen. Jako dagegen ist sehr mißtrauisch, schreit und beißt, wenn ein Fremder ihn anfassen will, ist sonst aber sehr gutmütig und genügsam. Er giebt Hans stets ohne Widerstreben das von ihm Verlangte ab. Aeußerst possierlich sieht es aus, wenn beide sich auf der Decke des Käfigs gegenüberstehen. Sie stellen sich dann beide, die Köpfe gegen einander gerichtet, so daß diese sich fast berühren, so auf, wie zwei junge Ziegenböcke, die ein Duell mit ihren Hörnern auszufechten beabsichtigen. Jeden Augenblick erwartet man, daß die Tiere aufeinander losfahren wollen, da — hebt plötzlich Hans den rechten Fuß, um sich hinter den Ohren zu kratzen. Sofort thut Jako dasselbe. Nachdem sie einigemale (ich habe bis zu dreißigmal beobachtet) gekratzt haben, stehen sie mit erhobenem Fuße einige Minuten wie in Gedanken versunken beide da, um wie auf Kommando abermals zu beginnen, sich zu kratzen. Was sie sich bei diesem Manöver denken, ist mir bis jetzt noch nicht klar ge worden. Soll es vielleicht eine gegenseitige Höflichkeitsbezeugung sein? Bisweilen habe ich sie so, wenn sie nicht gestört wurden, fast eine halbe Stunde lang stehen sehen, ohne sich vom Platze zu rühren, bis plötzlich einem die Sache offenbar zu langweilig wurde und er mit fröhlichem Pfeifen seines Weges zog. Dann begann auch der andere sofort wieder am Käfig umherzuklettern.

Hans läßt sich von mir an den Flügeln in die Höhe heben, auf dem Rücken auf die Tischplatte legen, auf dieser hin- und herrollen und spricht dabei äußerst vergnügt: „Kuckuck" oder pfeift den Pirolpfiff, den er sehr liebt.

Bald nach ihrer Ankunft in Deutschland hatten beide Papageien innige Freundschaft mit einem Hunde, einem Wolfsspitz, geschlossen. Am Tage wurden, wie schon erwähnt, die Papageien im Garten auf einen Baum oder auf ein eigens dazu hergerichtetes Gestell gesetzt. Da der Garten an der Straße liegt, wurde der Hund angewiesen, sich, wenn die Papageien im Freien sind, dazu hinzulegen. Ging nun der Hund einmal fort, so ertönte fast stets unmittelbar darauf ein zweistimmiges Rufen: „Bussi, Bussi, komm hier!" verbunden mit Pfeifen, bis der Hund wieder zurückkam. Die beiden Papageien waren es, welche den Ruf von uns gehört hatten und ihre Kenntnis nun benutzten, um den Hund zurück zurufen. Ebenso pfiffen sie, wenn der Hund einem vorüberfahrenden Wagen bellend nachsprang. Einigemal kam es auch vor, daß ein Papagei von seinem Sitze herabgefallen war und dann auf dem Hunde sitzend wiedergefunden wurde, was demselben allerdings nicht besonders zu ge fallen schien, denn er lag regungslos da, mit einem recht verlegenen Gesicht.

Da ich im Anfange, als ich alle mitgebrachten Papageien noch selbst verpflegte, nicht genügend Käfige besaß, habe ich den einen Papagei in ein großes Flugbauer gesteckt, in dem sich ein alter, schon neun Jahre in meinem Besitz befindlicher Kreuzschnabel befand. Dieser war halb invalid, da früher einmal eine Katze die Insassen des Käfigs überfallen hatte, und er dabei einen Flügel gebrochen hatte. Als ich ihm den großen Gefährten zugesellte, war er anfangs so außer sich, daß er im Käfig herumtobte und, ehe ich den Papagei wieder herausnehmen konnte, mit einem zweiten gebrochenen Flügel zu Boden fiel. Nach und nach beruhigte er sich jedoch, und, nachdem der Flügel geheilt war, gewährte es einen reizenden Anblick, wenn man den Graupapagei mit unserem einheimischen „Fichtenpapagei" an den Käfigwänden um die Wette klettern sah. Sie ver trugen sich in der Folge ausgezeichnet miteinander, bis der Kreuzschnabel eines natürlichen Todes an Altersschwäche starb.

Zwei Analoga hierzu finden sich in Brehms Tierleben*): „Ein Freund von mir," erzählt Wood, „besaß einen Vogel dieser Art, welcher die zierlichste und liebenswürdigste Pflegemutter anderer hilfloser Geschöpfe war. In dem Garten seines Eigners gab es eine Zahl von Rosen büschen, welche von einem Drahtgewebe umwoben und von Schlingpflanzen dicht umsponnen waren. Hier nistete ein Paar Finken, welches beständig von den Einwohnern des Hauses gefüttert wurde, weil diese gegen alle Tiere freundlich gesinnt waren. Die vielen Besuche des Rosenhaines fielen Polly, dem Papagei, bald auf; er sah, wie dort Futter gestreut wurde, und beschloß, so gutem Beispiele zu folgen. Da er sich frei bewegen konnte, verließ er bald seinen Käfig, ahmte den Lockton der alten Finken täuschend nach und schleppte den Jungen hierauf einen Schnabel voll nach dem anderen von seinem Futter zu. Seine Beweise von Zuneigung gegen die Pflegekinder waren aber den Alten etwas zu stürmisch; unbekannt mit dem großen Vogel, flogen sie erschreckt von dannen, und Polly sah jetzt die Jungen gänzlich verwaist und für ihre Pflegebestrebungen den weitesten Spielraum. Von Stund an weigerte sie sich, in ihren Käfig zurück zukehren, blieb vielmehr Tag und Nacht bei ihren Pflegekindern, fütterte sie sorgfältig und hatte die Freude, sie großzuziehen. Als die Kleinen flügge waren, saßen sie auf Kopf und Nacken ihrer Pflegemutter, und dann kam es vor, daß Polly sehr ernsthaft mit ihrer Last umherging. Doch erntete der Papagei wenig Dank; als den Pflegekindern die Schwingen gewachsen waren, flogen sie auf und davon."

Eine andere Erzählung bietet Buxton dar: „Der elterliche Trieb eines Pärchens grauer Papageien, welche zu den freiliegenden Ausländern des Parkes gehörten, nahm eine sehr närrische Form an. Eine Katze richtete sich in einem der Nistkästen ein und nährte dort ihre Jungen. Unsere Papageien, welche nicht unternehmend genug sein mochten, um es zu einer eigenen Familie zu bringen, schienen diese Kätzchen als ihre Kinder zu betrachten. Sie lebten auf beständigem Kriegsfuße mit der

*) l. c. S. 67.

alten Katze, und sobald diese den Kasten verließ, schlüpfte einer der Papageien hinein und setzte sich neben die Kätzchen. Ja, sie achteten auf letztere selbst dann mit Aufmerksamkeit und Spannung, wenn die Mutterkatze zu Hause war."

Diese Erzählungen ließen sich noch ins Ungemessene vermehren, denn ein jeder Besitzer eines Tieres findet bei aufmerksamer Beobachtung unzählige einzelne charakteristische Züge, die er an anderen Tieren nicht findet und die ihm gerade sein Exemplar lieb und wert machen.

Naturgemäß gepflegte Graupapageien erreichen in der Gefangenschaft ein hohes Alter. So erzählt Brehm von einem Jako des Herrn Minnick-Huysen in Amsterdam, der 73 Jahre in der Gefangenschaft gelebt hat.

Zur Fortpflanzung schreiten gefangene Graupapageien selten, doch sind einige Fälle von glücklichen Bruten bekannt geworden. Buffon erzählt von einem Pärchen, das fünf bis sechs Jahre hintereinander Eier legte und seine Jungen glücklich aufzog. Gleiche Nachrichten verdanken wir Labac. Neuerdings ist es wieder Buxton gelungen, seine freifliegenden Graupapageien zum Eierlegen und zur Aufzucht von drei Jungen zu bringen. In Deutschland ist eine erfolgreiche Züchtung des Graupapageies noch nicht bekannt geworden. Ueber eierlegende Graupapageien ist öfter, über brütende mehrfach berichtet worden, doch noch von keinem Erfolge. Am weitesten scheint wohl Frau Gorgol*) gekommen zu sein. Nach Ruß**) enthielten die von dieser Dame ihm zur Untersuchung gesandten drei Eier der Graupapageien stark entwickelte, dem Ausschlüpfen bereits sehr nahe Junge.***)

Thienemann beschreibt (nach Finsch) ein in der Gefangenschaft gelegtes Ei, wie folgt: „es ist ungleichhälftig, nach der Basis sanft, nach der Höhe stark abfallend und stumpf zugespitzt. Länge 1" 5½'", Breite 1" 1'". Farbe gelblichweiß mit etwas Glanz. Gewicht 21 Gran." Und Habenicht†): „Die drei Eier von Psittacus erithacus haben folgende Maße: 1. 41×28,5 mm, 2. 42×28,5 mm, 3. 41×29 mm. Dieselben sind schön eiförmig, reinweiß, feinkörnig mit wenig Glanz."

*) Gefiederte Welt 1894, S. 13.

**) Gefiederte Welt 1894, S. 14.

***) Wie ich diese Angabe allerdings mit der auf Seite 46 zu findenden Erklärung: „Die Annahme, daß die Eier befruchtet seien, beruhte auf einer vorläufigen, leider irrtümlichen Angabe", ins Einvernehmen bringen soll, ist mir unklar.

†) Gefiederte Welt 1894, S. 177.

Ich glaube, nur die naturwidrige Fütterung und Pflege ist an dem bisherigen Mißerfolge schuld und der Erfolg wird nach Besserung der Lebensverhältnisse nicht ausbleiben.

Es erübrigt nun nur noch, Einiges über die Krankheiten zu sagen, die der Graupapagei bei uns durchzumachen hat. Viele Worte darüber zu machen, dürfte sich kaum verlohnen, da die Stellung der Diagnose von seiten des Laien meistenteils nicht im mindesten Anspruch auf Korrektheit machen und demgemäß die Behandlung nur eine symptomatische sein kann, abgesehen von äußeren Verletzungen, die aber am besten ohne alles Zuthun des Menschen heilen. Im allgemeinen kann ich nur bei zwei leicht zu erkennenden Erkrankungen ein therapeutisches Eingreifen von seiten des Besitzers empfehlen. Ich meine bei Verdauungsstörungen und bei Luftröhren-katarrh. In allen übrigen Fällen geht mein Rat dahin, möglichst bald einen Tierarzt zu Rate zu ziehen. Die Verdauungsstörungen kann man, je nachdem sie sich in Verstopfung oder Durchfall äußern, mit Rotwein oder anderem schweren südlichen Wein, den man in kleinen Gaben (theelöffelweise) einflößt oder mit einigen Tropfen Ricinusöl behandeln, sowie passender einfacher Diät. Häufig thut auch ein Dampfbad gut, welches ich auch für die einzige anwendbare Maßregel bei Katarrhen halte. Das letztere stelle ich auf folgende Weise her. Ich setze den Vogel in einen alten Käfig, dessen durch einen Gitterrost (hier einmal am Platze) überdeckten Schiebekasten, der natürlich aus Blech hergestellt sein muß, mit Sand angefüllt ist. Sodann gieße ich auf diesen Sand einen Topf voll kochenden Kamillenthees und decke hierauf den ganzen Käfig mit einer Decke gut zu. Diese letztere darf nicht eher wieder entfernt werden, als bis der Vogel wieder vollständig trocken ist. Bei nicht genügender Wirkung darf das Bad nochmals wiederholt werden.

In allen übrigen Fällen — ich wiederhole es — rate ich von selbständiger Behandlung ab, rate vielmehr, einen Tierarzt zur Hilfe herbeizurufen.

Bei vernünftiger und naturgemäßer Pflege wird man aber überhaupt höchst selten in die Lage kommen, einen erkrankten Graupapagei kurieren zu müssen.

Nur noch einige Worte über eine Unart, die sich viele Papageien angewöhnen, und die für den Besitzer sehr unangenehm ist, nämlich das Ausziehen der Federn. Ein Vogel, der dieser Ungezogenheit hingegeben ist, sitzt bisweilen fast vollkommen nackt da, da er sich jede Feder, die er mit dem Schnabel erlangen kann, sofort auszieht. Die Ursachen, welche die Tiere dazu bestimmen, sind jedenfalls verschiedene, wenigstens wird

64

von verschiedenen Liebhabern auch verschiedenen Umständen die Schuld
gegeben. Vor allem sind es drei: zu fette und hitzige Ernährung mit
Hanf oder Fleisch, zu geringe Gelegenheit zu körperlicher Bewegung und
Zerstreuung und unterdrückte Paarungslust. Zu heilen ist der Papagei
von der Unart, nur muß der Besitzer ausfindig machen, welche der drei
Ursachen bei seinem Vogel vorliegt, und die von selbst sich ergebenden
Gegenmaßregeln ergreifen.

———

Und so schließe ich denn diese kleine Arbeit mit dem Wunsche,
daß dieselbe dazu beitragen möge, die Forderung meines verehrten väter
lichen Freundes Liebe ihrer Erfüllung näher zu bringen, welche derselbe
mit folgenden Worten ausspricht*): „Was aber die Stubenvögel betrifft,
mögen sie nun inländische oder ausländische sein, so ist es unsere Pflicht,
durch Belehrung es dahin zu bringen, daß dem gefangenen Vogel ein
vollständig zweckmäßig eingerichteter, hinreichend räumlicher, an der rechten
Stelle angebrachter Käfig und eine gesunde, naturgemäße Nahrung geboten
wird. Der Vogel muß im Käfige so schlank und schmuck aussehen und
sich so munter und ungezwungen gebärden wie im Freien. Wer das für
den Vogel der oder jener Art nicht bieten kann, der soll den betreffenden
Vogel nicht halten."

*) K. Th. Liebes ornithologische Schriften. Seite 577.

Litteraturnachweis.

Dr. **Otto Finſch**, Die Papageien. Leiden 1868.

Dr. **A. Reichenow**, Die Vogelwelt von Kamerun. In „Mitteilungen von Forſchungsreiſenden und Gelehrten aus den deutſchen Schutzgebieten, herausgegeben von Dr. Freiherrn von Danckelmann". Berlin 1890. III. Band.

Dr. **A. Reichenow**, Die Vögel Deutſch=Oſtafrikas. Berlin 1894.

Gefiederte Welt 1894.

Brehms Tierleben, 2. Auflage. Leipzig 1878. Band IV.

Ornithologiſche Monatsſchrift des Deutſchen Vereins zum Schutze der Vogelwelt 1883, 1884, 1892, 1893, 1894, 1895.

Kloß, Der Graupapagei. Leipzig.

Hofrat Profeſſor Dr. K. Th. Liebes Ornithologiſche Schriften. Gera, Reuß.

Inhaltsverzeichnis.

www.ingramcontent.com/pod-product-compliance
Lightning Source LLC
Chambersburg PA
CBHW020244090426
42735CB00010B/1829